海域使用遥感监测与评估

索安宁　赵建华　马红伟 等　著

科 学 出 版 社

北 京

内 容 简 介

本书针对我国近岸海域大规模、高强度开发利用的监管工作技术需求，在海域使用空间格局及其变化过程的遥感监测基础上，创建了海域使用分析评估技术方法体系，用以反映海域使用时空变化特征。全书从围填海、区域建设用海规划、港口码头区、滨海旅游区、海水养殖区、区域海域使用和海域资源7个方面创建了20种海域使用遥感精细化监测技术与评估方法，并选取典型区域开展了每种遥感监测与评估方法的实践应用，以提高各方法的适用性。

本书可供海域使用监管人员、海岸带遥感科技人员、海岸带综合管理人员，以及有兴趣从事海岸带遥感应用研究的教师、学者及其他人员参考使用，也可为海域使用遥感监测与评估相关业务工作提供技术参考。

图书在版编目（CIP）数据

海域使用遥感监测与评估/索安宁等著. —北京：科学出版社，2018.6
ISBN 978-7-03-057489-3

Ⅰ.①海… Ⅱ.①索… Ⅲ.①海域–海洋遥感–监测–研究 Ⅳ.①P715.7

中国版本图书馆 CIP 数据核字(2018)第 107066 号

责任编辑：朱 瑾 / 责任校对：严 娜
责任印制：张 伟 / 封面设计：铭轩堂

科 学 出 版 社 出版
北京东黄城根北街 16 号
邮政编码：100717
http://www.sciencep.com

北京虎彩文化传播有限公司 印刷
科学出版社发行 各地新华书店经销

*

2018 年 6 月第 一 版 开本：B5 (720×1000)
2018 年 6 月第一次印刷 印张：12 1/2
字数：252 000
定价：150.00 元
(如有印装质量问题，我社负责调换)

《海域使用遥感监测与评估》
撰写人员名单

（按姓氏笔画排序）

马红伟　　王　衍　　李序春　　初佳兰

张明慧　　赵建华　　索安宁　　徐京萍

前　　言

21 世纪以来，随着我国沿海开发开放格局的进一步深化，内陆产业趋海转移，沿海产业转型升级，港口物流、滨海旅游、临海工业、水产养殖等涉海产业规模逐年壮大，原本寂静沉稳的近岸海域快速转变成为我国海洋开发利用的热点区域。大型港口、临海工业区、滨海旅游区、滨海城镇等各类海洋开发利用活动在我国18 000 多千米的大陆海岸线上随处可见。海域使用就是上述各类海洋开发利用活动对海域空间的占用和利用，是海上的"土地利用"。与陆地土地利用类似，海域使用也具有空间特定性、位置固定性、使用持续性、利用排他性等特点，它是各种海域开发利用活动在近岸海域表面镶嵌形成的空间综合体。

高空间分辨率、高时间频率卫星遥感技术的快速发展，使卫星遥感技术成为当前对地表观测/监测的主要技术手段，广泛地应用于土地利用、植被、灾害等地表观测/监测。2009 年国家海域使用动态监视监测管理系统开始业务化运行，该系统采用多种星源、不同空间分辨率的卫星遥感影像每年定期开展全国海域使用动态监测，获取了大量的填海造地、海上构筑物、围海养殖等海域使用面积、位置等监测数据，为国家和地方海域使用管理提供了可靠的数据支持。

党的十九大报告明确指出"建设生态文明是中华民族永续发展的千年大计"。集约用海、生态用海是海域使用管理领域落实生态文明建设的基本思路，也是海域使用管理的重要目标。海域使用动态监测不仅仅要监测各类海域使用类型的面积和位置，更重要的是要为集约用海、生态用海提供海域使用管理的决策依据。利用卫星遥感技术，从宏观尺度开展海域空间格局及其使用变化过程监测，创建反映海域使用时空变化特点的评估指标与方法。只有将海域使用遥感监测数据变成海域使用遥感监测与评估产品，才能使管理者全面了解海域使用的时空动态变化特征，提出更具针对性的集约用海、生态用海精细化管理政策制度，从而达到海域资源高效永续利用的管理目的。

十多年来，国家海洋环境监测中心海域监管技术团队在维护和支撑国家海域使用动态监视监测管理系统业务化监测与管理技术支撑工作的同时，也在不断地研究探索海域使用遥感监测与评估的新技术、新方法。该技术团队在海洋公益性行业科研专项项目"海域使用遥感动态监测业务化应用技术与示范"（201005011）、"近岸海域空间整治效果与开发存量评估关键技术研究应用"（201405025），以及国家自然科学基金等相关科研项目的支持下，针对我国海域使用遥感监测与评估的业务化技术需求，以卫星遥感影像为主，结合海洋功能区划数据、海域使用权属数据等，研究构建了一系列海域使用遥感监测与评估技术方法，并成功投入国家海域使用动态监视监测管理系统业务化监测评估工作，取得了较好的效果。

本书是对以上海域使用遥感监测与评估研究工作的凝练与总结。全书共分八章，在系统分析海域使用管理工作需求和遥感监测技术特点的基础上，从围填海造地遥感监测与评估、区域建设用海规划空间格局遥感监测与评估、港口码头区遥感监测与评估、滨海旅游区遥感监测与评估、海水养殖区遥感监测与评估、区域海域使用遥感监测与评估、海域资源遥感监测与评估等方面提供了 20 种海域使用遥感监测与评估方法，并选取典型区域开展了每种海域使用遥感监测与评估方法的实践应用，以提高各方法的适用性，也为相关海域使用遥感监测与评估业务工作提供了技术案例，以便各方法的业务化推广应用。

全书具体分工如下：第一章索安宁、赵建华；第二章索安宁、初佳兰；第三章索安宁、王衍；第四章索安宁、李序春；第五章索安宁、张明慧；第六章初佳兰、徐京萍；第七章索安宁、赵建华、马红伟；第八章索安宁、赵建华、徐京萍。全书由索安宁、赵建华、马红伟通纂和定稿。由于研究的深度和水平有限，一些评估方法尚待实践工作的进一步检验，不足之处在所难免，敬请各位同行和广大读者批评指正。

索安宁

2017 年 12 月

目　　录

第一章

海域使用遥感监测与评估概述

第一节　海域使用管理

　　海洋是地球表面由广阔连续的咸水水体组成的海和洋的总称，是地球上水圈的主体，海洋覆盖了地球表面的 71%，水量占地球上总水量的 97%。洋是海洋的中心部分，它远离大陆，面积广阔，约占整个海洋面积的 89%，深度一般在 2000m 以上，水色深，透明度高，有强大的海流系统和各自的潮汐系统。海位于大洋边缘，紧靠大陆，水色浅，透明度低，水文特征既受大洋影响也受大陆影响。依据海与洋的分离状况，可以把海划分为内海、外海、边缘海、岛间海。《联合国海洋法公约》规定领海为沿海国家陆地领土毗邻的内水及其向外邻接的一带海域；在群岛国家的情形下，则为群岛水域外邻接的一带海域。领海主权范围包括领海的上空、水体、海床和底土。该公约还规定沿海国家在邻接领海不超过 200n mile 的专属经济区和大陆架内，有勘探、开发、养护和管理海床上覆水域、海床及其底土自然资源的主权权利。以上基本确切阐述了海域的概念，即海域实际上是指海洋所在地球表层一定区域的立体空间，从上空、海床上覆水域，直到海床及其底土。2002 年开始实施的《中华人民共和国海域使用管理法》指出，海域是指中华人民共和国内水、领海的水面、水体、海床和底土，其中内水是指中华人民共和国领海基线向陆地一侧至海岸线的海域。可以看出法律意义上的海域是一个客观存在的立体空间，包含两层含义：①在垂直方向上，它不仅仅指水面，还包括水面以下的水体、海床和底土；②在水平方向上，海域包括内水和领海，具有明确的界限范围。

　　第二次世界大战以来，随着全球经济的快速发展和人口的急剧增长，陆地资源日益短缺，迫使人们不断向海洋索取生存必需的空间和发展必需的资源，由此拉开了大规模海洋开发利用的序幕。尤其是近几十年来，海洋开发利用的规模和强度持续加大，海洋经济快速增长，海洋产业在各沿海国家经济发展中的地位越来越重要。海域使用从广义上讲就是各类海洋开发利用活动的总称，它是指人类依据海域区位、资源与环境优势所开展的一切开发利用海洋资源的活动，以及在海域从事的海洋经济活动（于青松和齐连明，2006）。可以看出，海域使用与土地利用的内涵相似，它是海面上的"土地利用"，是承载各类海洋经济活动的基本载体。《中华人民共和国海域使用管理法》把海域使用界定为，在中华人民共和国内水、领海持续使用特定海域 3 个月以上的排他性用海活动。这一定义概括了海域使用的 4 个特征：①使用的海域是特定的，利用海域的任何一部分，如水面、水体、海床、底土，均为海域使用，例如，海底电缆管道虽然只占用底土，但也属于海域使用的一种类型；②固定使用海域，而非游动性使用，如航行、捕捞等则不属于海域使用；③持续使用海域，且时间在 3 个月以上；④使用主体具有排他性，即只要某一开发利用活动发生后，其他单位和个人则不能在此海域从事性质相同的开发利用活动。同时具备以上 4 项特征的海洋开发利用活动才属于海域使用。满足以上第一、第二和第四点，时间不足 3 个月但可能对国防安全、海上交通安全和其他用海活动造成重大影响的用海活动即为临时海域使用。

为了合理开发利用海洋资源，促进海洋产业协调、可持续发展，沿海国家和地区开展了各种形式的海域使用管理工作。英国将海域使用纳入土地利用规划系统，依法禁止向海域投弃任何物质，以保护海洋环境。美国对海域的使用主要体现在商业、海事运输、食物生产和安全防御等方面，为管理这些海域使用活动，美国颁布了《水下土地法》《外大陆架土地法》《海岸带管理法》《海洋保护、研究和自然保护区法》《深水港法》《渔业保护与管理法》等海域使用管理法律。日本陆地资源匮乏，经济社会发展多依赖于海洋，有效利用海洋资源成为日本一个非常重要的发展战略。日本对海域的使用包括航运、渔业、矿产资源、海水利用及围填海造地建设人工岛、海上机场、工业用地、居住用地、建造人造沙滩、海水浴场、旅游基地等，为了管理复杂的海域使用活动，日本较早地建立了一套完整的海域使用管理法律体系，包括《海洋基本法》《公有水面填埋法》《渔港法》《关于渔业水域的临时措施法》《水产资源保护法》等。韩国属于典型的半岛国家，海洋资源丰富，海洋产业在国民经济中占有较大比重，海域使用及其管理系统相对完善，其最为重要的法律是 1961 年颁布的《公有水面管理法》。该法就公有水面使用权许可、费用征收、权利义务，以及权利转让、停止和取消做了详细的规定。

我国海域使用管理实行中央统一管理与授权地方分级管理相结合的管理模式，《中华人民共和国海域使用管理法》第七条规定："国务院海洋行政主管部门负责全国海域使用的监督管理。沿海县级以上地方人民政府海洋行政主管部门根据授权，负责本行政区毗邻海域使用的监督管理。"原国家海洋局为国务院海洋行政主管部门，是负责监督管理全国海域使用和海洋环境保护、依法维护海洋权益、组织海洋科技研究的中央级海洋行政主管部门。在原国家海洋局之下，设有多个直属单位，其中北海分局、东海分局和南海分局是原国家海洋局在 3 个海区的派出机构，负责监督管理各自海区的海域使用活动。按照海域使用项目审批权限，国务院主要负责审批 50hm² 以上的填海项目、100hm² 以上的围海项目、700hm² 以上不改变海域自然属性的用海项目及国家重大建设用海项目。省级人民政府负责审批 50hm² 以下的填海项目，不得下放权限。100hm² 以下的围海项目由省、市、县三级人民政府分级审批，审批权限由省级人民政府规定。大体上是，完全改变海域自然属性的用海项目由国务院和省级人民政府审批，不完全改变海域自然属性的用海项目按面积分级审批，不改变海域自然属性的养殖用海项目一般由市、县两级人民政府审批。

我国海域使用管理制度是由多种专项管理制度组成的制度体系，主要包括以下制度。①海洋功能区划制度。海洋功能区划的主要任务是根据海域自然资源环境条件，科学划定海洋基本功能区，明确海域功能定位和管理要求。海洋基本功能区分为8个一级类，包括农渔业区、港口航运区、旅游娱乐区、海洋保护区等。海洋功能区划由海洋行政主管部门会同有关部门编制，其中全国海洋功能区划和省级海洋功能区划由国务院批准实施，市、县海洋功能区划由省级人民政府批准实施。所有涉海行业规划都应当与海洋功能区划相符合，项目用海审批要以海洋功能区划为依据。②海域权属管理制度。海域属于国家所有，单位和个人使用海域前必须依法取得海域使用权。海域使用权可以通过申请审批、招标、拍卖、挂牌出让等多种方式取得。海域使用申请统一由海洋行政主管部门受理，由国务院和沿海县级以上地方政府按照规定的审批权限批准。海域使用权人享有依法用海、获取收益的权利，可以依法转让、出租、抵押。③海域有偿使用制度。单位和个人使用海域前应当按照规定的征收标准缴纳海域使用金。根据不同的用海性质或情形，可以一次性缴纳或按年度逐年缴纳，符合法定条件的还可以申请减免海域使用金。海域使用金征收标准由财政部和原国家海洋局统一制定。海域使用金纳入财政预算，中央与地方三七分成，实行收支两条线。④海域使用论证制度。海域使用论证的目的是对项目用海的科学性和合理性进行综合评估，为各级海洋行政主管部门审批用海项目提供科学的决策依据。单位和个人提出海域使用申请，必须开展海域使用论证并编制海域使用论证报告/报表。海域使用论证报告编制完成后由海洋行政主管部门组织专家评审，并出具专家评审意见，专家评审通过的海域使用论证报告/报表是海域使用审批的重要依据之一。⑤海域使用动态监测与评估制度。国务院海洋行政主管部门负责全国海域使用的监督管理，沿海县级以上地方人民政府海洋行政主管部门根据授权，负责本行政区域毗邻海域使用的监督管理。为了加强海域使用监督管理，国家建立了海域使用动态监视监测管理系统，分国家、省、市、县四级节点，采用卫星遥感、航空遥感、远程监视、地面监测等手段对全国海域使用进行动态监测与管理。

第二节　海域使用分类体系

　　我国海域使用历史久远，由捕鱼、晒盐等最原始的海域使用类型，发展到海水综合利用、海洋医药、海洋能源等多种新型海域使用类型。为了合理利用海域资源，规范海域使用管理，实现海域资源可持续利用，海洋行政主管部门从多个角度对海域使用类型进行了划分。《海域使用分类》（HY/T 123—2009）根据海域使用用途将海域使用类型划分为渔业用海、工业用海、交通运输用海、旅游娱乐用海、海底工程用海、排污倾倒用海、造地工程用海、特殊用海和其他用海 9 个一级类型 30 个二级类型。同时根据海域使用特征及其对海域自然属性的改变和影响程度将海域使用方式划分为填海造地、构筑物、围海、开放式和其他方式 5 个一级用海方式 20 个二级用海方式。

一、海域使用类型分类

　　海域使用类型划分主要以海域使用用途为依据，并遵循对海域使用类型的一般认识，与海洋功能区划、海洋相关产业等相关分类相协调。海域使用类型分类体系见表 1-1。

表 1-1　海域使用类型分类体系

一级类型		二级类型	
编码	名称	编码	名称
1	渔业用海	11	渔业基础设施用海
		12	围海养殖用海
		13	开放式养殖用海
		14	人工鱼礁用海
2	工业用海	21	盐业用海
		22	固体矿产开采用海
		23	油气开采用海
		24	船舶工业用海
		25	电力工业用海
		26	海水综合利用用海
		27	其他工业用海

一级类型		二级类型	
编码	名称	编码	名称
3	交通运输用海	31	港口用海
		32	航道用海
		33	锚地用海
		34	路桥用海
4	旅游娱乐用海	41	旅游基础设施用海
		42	浴场用海
		43	游乐场用海
5	海底工程用海	51	电缆管道用海
		52	海底隧道用海
		53	海底场馆用海
6	排污倾倒用海	61	污水达标排放用海
		62	倾倒区用海
7	造地工程用海	71	城镇建设填海造地用海
		72	农业填海造地用海
		73	废弃物处置填海造地用海
8	特殊用海	81	科研教学用海
		82	军事用海
		83	海洋保护区用海
		84	海岸防护工程用海
9	其他用海		

（一）渔业用海

渔业用海是指为开发利用渔业资源、开展海洋渔业生产所使用的海域。包括渔业基础设施用海、围海养殖用海、开放式养殖用海和人工鱼礁用海 4 个二级类型。其中渔业基础设施用海是指用于渔船停靠、进行装卸作业和避风，以及用于繁殖重要苗种的海域，包括渔业码头、引桥、堤坝、渔港港池（含开敞式码头前沿船舶靠泊和回旋水域）、渔港航道、附属的仓储地、重要苗种繁殖场所及陆上海水养殖场延伸入海的取排水口等所使用的海域。围海养殖用海是指通过筑堤围割海域进行封闭或半封闭式养殖生产的海域。开放式养殖用海是指无须筑堤围割海域，在开敞条件下进行养殖生产所使用的海域，包括浮筏养殖、网箱养殖及无人工设施的人工投苗或自然增殖生产等所使用的海域。人工鱼礁用海是指通过构筑人工鱼礁进行增养殖生产的海域。

（二）工业用海

工业用海是指开展工业生产所使用的海域。包括盐业用海、固体矿产开采用海、油气开采用海、船舶工业用海、电力工业用海、海水综合利用用海和其他工业用海 7 个二级类型。其中盐业用海是指用于盐业生产的海域，包括盐田、盐田取排水口、蓄水池、盐业码头、引桥及港池（船舶靠泊和回旋水域）等所使用的海域。固体矿产开采用海是指开采海砂及其他固体矿产资源所使用的海域，包括海上及通过陆地挖至海底进行固体矿产开采所使用的海域。油气开采用海是指开采油气资源所使用的海域，包括石油平台、油气开采用栈桥、浮式储油装置、输油管道、油气开采用人工岛及其连陆或连岛道路等所使用的海域。船舶工业用海是指船舶（含渔船）制造、修理、拆解等所使用的海域，包括船厂的厂区、码头、引桥、平台、船坞、滑道、堤坝、港池（含开敞式码头前沿船舶靠泊和回旋水域，船坞、滑道等的前沿水域）及其他设施等所使用的海域。电力工业用海是指电力生产所使用的海域，包括电厂、核电站、风电场、潮汐及波浪发电站等的厂区、码头、引桥、平台、港池（含开敞式码头前沿船舶靠泊和回旋水域）、堤坝、风机坐墩和塔架、水下发电设施、取排水口、蓄水池、沉淀池及温排水区等所使用的海域。海水综合利用用海是指开展海水淡化和海水化学资源综合利用等所使用的海域。包括海水淡化厂、制碱厂及其他海水综合利用工厂的厂区、取排水口、蓄水池及沉淀池等所使用的海域。其他工业用海是指上述工业用海以外的工业用海，包括水产品加工厂、化工厂、钢铁厂等的厂区、企业专用码头、引桥、平台、港池（含开敞式码头前沿船舶靠泊和回旋水域）、堤坝、取排水口、蓄水池及沉淀池等所使用的海域。

（三）交通运输用海

交通运输用海是指为满足港口、航运、路桥等交通需要所使用的海域。包括港口用海、航道用海、锚地用海、路桥用海 4 个二级类型。其中港口用海是指供船舶停靠、进行装卸作业、避风和调动等所使用的海域，包括港口码头（含开敞式的货运和客运码头）、引桥、平台、港池（含开敞式码头前沿船舶靠泊和回旋水域）、堤坝及堆场等所使用的海域。航道用海是指交通部门划定的供船只航行使用的海域（含灯桩、立标及浮式航标灯等海上航行标志所使用的海域），不包括渔港航道所使用的海域。锚地用海是指船舶候潮、待泊、联检、避风及进行水上过驳作业等所使用的海域。路桥用海是指连陆、连岛等路桥工程所使用的海域，包括跨海桥梁、跨海和顺岸道路等及其附属设施所使用的海域，不包括油气开采用连陆、连岛道路和栈桥等所使用的海域。

（四）旅游娱乐用海

旅游娱乐用海是指开发利用滨海和海上旅游资源，开展海上娱乐活动所使用的海域。包括旅游基础设施用海、浴场用海和游乐场用海 3 个二级类型。其中旅游基础设施用海是指旅游区内为满足游人旅行、游览和开展娱乐活动需要而建设的配套工程设施所使用的海域，包括旅游码头、游艇码头、引桥、港池（含开敞式码头前沿船舶靠泊和回旋水域）、堤坝、游乐设施、景观建筑、旅游平台、高脚屋、旅游用人工岛及宾馆饭店等所使用的海域。浴场用海是指专供游人游泳、嬉水的海域。游乐场用海是指开展游艇、帆板、冲浪、潜水、水下观光及垂钓等海上娱乐活动所使用的海域。

（五）海底工程用海

海底工程用海是指建设海底工程设施所使用的海域。包括电缆管道用海、海底隧道用海和海底场馆用海 3 个二级类型。其中电缆管道用海是指埋（架）设海底通信光（电）缆、电力电缆、深海排污管道、输水管道及输送其他物质的管状设施等所使用的海域，不包括油气开采输油管道所使用的海域。海底隧道用海是指建设海底隧道及其附属设施所使用的海域，包括隧道主体及其海底附属设施，以及通风竖井等非透水设施所使用的海域。海底场馆用海是指建设海底水族馆、海底仓库及储罐等及其附属设施所使用的海域。

（六）排污倾倒用海

排污倾倒用海是指用来排放污水和倾倒废弃物的海域。包括污水达标排放用海和倾倒区用海两个二级类型。其中污水达标排放用海是指受纳指定达标污水的海域。倾倒区用海是指废弃物倾倒区所占用的海域。

（七）造地工程用海

造地工程用海是指为满足城镇建设、农业生产和废弃物处置需要，通过筑堤围割海域并最终填成土地，形成有效海岸线的海域。包括城镇建设填海造地用海、农业填海造地用海和废弃物处置填海造地用海 3 个二级类型。其中城镇建设填海造地用海是指通过筑堤围割海域，填成土地后用于城镇（含工业园区）建设的海域。农业填海造地用海是指通过筑堤围割海域，填成土地后用于农业、林业、牧业生产的海域。废弃物处置填海造地用海是指通过筑堤围割海域，用于处置工业废渣、城市建筑垃圾、生活垃圾及疏浚物等废弃物，并最终形成土地的海域。

（八）特殊用海

特殊用海是指用于科研教学、军事、自然保护区及海岸防护工程等的海域。

包括科研教学用海、军事用海、海洋保护区用海和海岸防护工程用海 4 个二级类型。其中科研教学用海是指专门用于科学研究、试验及教学活动的海域。军事用海是指建设军事设施和开展军事活动所使用的海域。海洋保护区用海是指各类涉海保护区所使用的海域。海岸防护工程用海是指为防范海浪、沿岸流的侵蚀,以及台风、气旋和寒潮大风等自然灾害的侵袭,建造海岸防护工程所使用的海域。

(九) 其他用海

其他用海是指上述用海类型以外的用海。

二、海域使用方式分类

海域使用方式划分主要以海域使用特征及其对海域自然属性的改变和影响程度为依据,主要体现海域使用管理工作特点。海域使用方式分类体系见表 1-2。

表 1-2　海域使用方式分类体系

一级方式		二级方式	
编码	名称	编码	名称
1	填海造地用海	11	建设填海造地用海
		12	农业填海造地用海
		13	废弃物处置填海造地用海
2	构筑物用海	21	非透水构筑物用海
		22	跨海桥梁、海底隧道等用海
		23	透水构筑物用海
3	围海用海	31	港池、蓄水池等用海
		32	盐业用海
		33	围海养殖用海
4	开放式用海	41	开放式养殖用海
		42	海水浴场用海
		43	游乐场用海
		44	专用航道、锚地及其他开放式用海
5	其他方式用海	51	人工岛式油气开采用海
		52	平台式油气开采用海
		53	海底电缆管道用海
		54	海砂等矿产开采用海
		55	取排水口用海
		56	污水达标排放用海
		57	倾倒用海

（一）填海造地用海

填海造地用海是指筑堤围割海域填成土地，形成有效海岸线的用海方式，包括建设填海造地用海、农业填海造地用海和废弃物处置填海造地用海 3 个二级方式。建设填海造地用海包括：①填成土地后用于建设顺岸渔业码头、渔港仓储设施和重要苗种繁殖场所等的用海方式；②填成土地后用于建设船舶工业厂区、电力工业厂区、海水综合利用厂区及其他工业厂区等的用海方式；③填成土地后用于建设堆场、顺岸码头、大型突堤码头和其他港口设施，以及顺岸道路及其附属设施等的用海方式；④填成土地后用于旅游开发和建设宾馆、饭店等的用海方式。

（二）构筑物用海

构筑物用海是指各类人工建设的构筑物使用的海域，包括非透水构筑物用海、透水构筑物用海，以及跨海桥梁、海底隧道等用海 3 个二级方式。其中非透水构筑物用海是指采用非透水方式构筑不形成围填海事实或有效海岸线的码头、突堤、引堤、防波堤、路基等构筑物的用海方式。

非透水构筑物用海主要包括：①采用非透水方式构筑不形成围填海事实或有效海岸线的渔业码头、堤坝、盐业码头、船厂码头、电厂（站）专用码头、企业专用码头、旅游娱乐码头、游艇码头、游乐设施、景观建筑及旅游用人工岛等所使用的海域；②构筑油气开采用人工岛的连陆或连岛道路（含涵洞式）等所使用的海域；③采用非透水方式构筑不形成围填海事实或有效海岸线的跨海道路（含涵洞式）及其附属设施所使用的海域；④构筑海底隧道通风竖井等非透水设施所使用的海域。

透水构筑物用海是指采用透水方式构筑的码头、海面栈桥、高脚屋、人工鱼礁等构筑物的用海方式。透水构筑物用海主要包括：①采用透水方式构筑渔业码头、盐业码头、电厂（站）专用码头、船厂码头、企业专用码头、引桥、平台、船坞、滑道及潜堤等所使用的海域；②构筑油气开采用栈桥所使用的海域；③采用透水方式构筑旅游码头、游艇码头、引桥、游乐设施、景观建筑、旅游平台、高脚屋、潜堤，以及游艇停泊水域等所使用的海域。

跨海桥梁、海底隧道等用海是指构筑跨海桥梁、海底隧道等所使用的海域，主要包括：构筑跨海桥梁及其附属设施所使用的海域，以及构筑海底隧道主体及其海底附属设施所使用的海域等。

（三）围海用海

围海用海是指通过筑堤等其他手段，以全部或部分闭合形式围割海域进行海洋开发活动的用海方式，包括围海养殖用海、盐业用海，以及港池、蓄水池等用海 3 个二级方式。其中围海养殖用海主要指围割海域进行海水产品人工养殖生产的海域。盐业用海为盐田、盐业生产用蓄水池等所使用的海域。港池、蓄水池等用海主要包括：①有防浪设施圈围的渔港港池、开敞式渔业码头的港池（船舶靠泊和回旋水域）等所使用的海域；②盐业码头的港池（船舶靠泊和回旋水域）所使用的海域；③有防浪设施圈围的船厂港池、开敞式船厂码头的港池（船舶靠泊和回旋水域），以及船坞、滑道等的前沿水域等所使用的海域；④有防浪设施圈围的企业专用港池、开敞式企业专用码头的港池（船舶靠泊和回旋水域）等所使用的海域；⑤有防浪设施圈围的电厂（站）港池、开敞式电厂（站）专用码头的港池（船舶靠泊和回旋水域）等所使用的海域；⑥有防浪设施圈围的旅游专用港池、开敞式旅游码头的港池（船舶靠泊和回旋水域）等所使用的海域。

（四）开放式用海

开放式用海是指不进行填海造地、围海或设置构筑物，直接利用海域进行开发活动的用海方式，包括开放式养殖用海、海水浴场用海、游乐场用海，以及专用航道、锚地及其他开放式用海。温排水区用海方式为专用航道、锚地及其他开放式用海。

（五）其他方式用海

其他方式用海是指除以上用海方式之外的用海，包括人工岛式油气开采用海、平台式油气开采用海、海底电缆管道用海、海砂等矿产开采用海、取排水口用海、污水达标排放用海和倾倒用海。石油平台及浮式生产储油装置（含立管和系泊系统）等的用海方式为平台式油气开采。油气开采用人工岛的用海方式为人工岛式油气开采。输油管道的用海方式为海底电缆管道。陆上海水养殖场延伸入海的取排水口、盐业生产用取排水口、海水综合利用取排水口、电厂（站）取排水口等的用海方式为取排水口。

第三节　海域使用遥感监测总体方法

　　遥感（remote sensing，RS）技术是 20 世纪 60 年代兴起的一种从人造卫星、飞机或其他飞行器上收集地表目标电磁辐射信息，对地表各种景物进行探测和识别的综合探测技术。遥感技术广泛应用于地球资源普查、土地利用调查、植被与森林监测、农作物病虫害与作物产量调查、环境污染监测等许多领域，是当前全球对地宏观观测的基本技术（游先祥，2003）。根据遥感信息获取平台类型可将遥感技术划分为卫星遥感技术、航空遥感技术、无人机遥感技术、高空气球遥感技术等。根据遥感探测的电磁波段可将遥感技术划分为可见光遥感、红外遥感、微波遥感、紫外遥感和多光谱遥感等。其中可见光遥感可以探测波长为 0.4～0.7μm 的可见光，是目前应用比较广泛的一种遥感方式，一般采用感光底片（遥感图像）或光电探测器作为感测元件。可见光遥感具有较高的地面分辨率，但只能在晴朗的白昼使用。红外遥感中，近红外遥感探测波长为 0.7～1.5μm，探测方式同可见光遥感；中红外遥感探测波长为 1.5～5.5μm；远红外遥感探测波长为 5.5～1000μm；中、远红外遥感通常用于探测物体的辐射，具有昼夜工作的能力。微波遥感探测波长为 1～1000μm，具有昼夜工作的能力，但空间分辨率低。典型的微波遥感就是雷达，常采用合成孔径雷达（synthetic aperture radar，SAR）作为微波遥感器。紫外遥感可以探测波长为 0.3～0.4μm 的紫外光。多光谱遥感是利用多个不同的波段同时对同一地物（或区域）进行探测，从而获得探测目标多个不同波段的电磁辐射信息，将不同波段的遥感信息加以组合，以获取更多的探测目标地物信息，便于探测和识别目标地物。现代遥感技术的发展趋势是由紫外波段逐渐向 X 射线和 γ 射线扩展，从单一的电磁波向声波、引力波、地震波等多种波的综合扩展。

　　《中华人民共和国海域使用管理法》第五条规定："国家建立海域使用管理信息系统，对海域使用状况实施监视、监测。"及时掌握海域使用时空格局信息是规范海域使用秩序、提高海洋管控能力、实施海洋综合管理工作的前提与基础。遥感技术和地理信息系统（geographical information system，GIS）的快速发展，为海域使用时空格局变化信息的获取和分析提供了及时有效的技术手段。遥感技术的宏观、动态、及时获取同一地区不同时间段内的海域使用信息等优点，结合地理信息系统快速处理海量海域使用信息的强大空间数据分析编辑能力，为开展海域使用遥感监测与评估提供了定量、精细的技术保障（付元宾等，2008；崔丹丹等，2013）。利用遥感技术和地理信息系统对同一地区不同时段的海域使用信息进行监测与评估，可提供该区域海域使用的总体时空动态变化特征及变化趋势，获取海域使用面积、数量、空间位置、类型及总体布局。也可对重点监测区的规划、建设等海域使用变化情况进行及时、直观、客观的监测分析，获取不同时间段各监测区域的海域使用位置、面积、方式，以及施工进度、开发程度、空间布局等，准确地揭示海域使用动态变化特征，为国家和地方海洋行政主管部门的宏观决策提供可靠、准确的海域使用变化情况。

海域使用遥感监测与评估的技术流程一般为：遥感影像预处理→海域使用信息遥感影像提取→海域使用信息实地核查→海域使用信息修改完善→海域使用信息变化分析与评估（刘宝银和苏奋振，2005）。遥感影像预处理包括遥感影像配准与几何校正、不同分辨率遥感影像融合、遥感影像增强、遥感影像镶嵌、遥感影像匀色等。海域使用信息遥感影像提取方法有人机交互法、面向对象法、影像分类法、影像差值法、主成分分析法、光谱变异法、空间分析法等。海域使用信息实地核查主要采用全球定位系统（global position system，GPS）找到监测目标点，核实海域使用的位置、类型、方式、地物特征等信息。再根据实地核实信息修改完善遥感影像提取的海域使用矢量数据。海域使用信息变化分析与评估方法包括空间叠加分析法、指标计算法、转移矩阵法、综合指数法、对比参照法、统计分析法、阈值分析法等。海域使用遥感监测与评估一般技术流程见图1-1。

虽然海域使用具有与土地利用相似的"内涵"，但与由陆地地表各类具有光谱、纹理特征的土地利用景观斑块组成的空间镶嵌格局不同，海域使用是在相对均一的海洋自然水体基质基础上，人为开发利用的各种海域使用类型组成的空间镶嵌体（史培军等，2000；彭建等，2003）。在海域使用空间格局上，有些海域使用斑块和陆地土地利用斑块一样，存在明显的空间边界线，如填海造地、盐田、养殖围塘、浮筏养殖等；有些海域使用斑块则是人类根据开发利用需要而专门划定的特定海面水域，不存在明显的斑块空间边界线，如底播养殖区、海洋保护区等；还有一些海域使用斑块在海面有一定的海域使用类型标记和边界线，但这些标记或标志由于目标相对比较小，因此在高空很难被看到，如滨海浴场、人工鱼礁、网箱养殖等。这种海域使用类型在空间上表现出的复杂性，加上海域使用监测管理要求的技术精确性，增加了遥感技术在海域使用监测与评估领域的应用难度（索安宁等，2010）。

海域使用遥感监测与评估的主要难点在于海域使用数据的获取。遥感技术作为当前对地观测的主要数据获取方式之一，是填海造地、围海养殖、围海晒盐、浮筏养殖等多种海域使用类型的主要数据获取方式。对于那些通过遥感技术无法获取的海域使用类型信息，如港口、航道、锚地、底播养殖、海底工程等，地理信息系统、全球定位系统和其他图件也是重要的数据获取补充方式。根据各类海

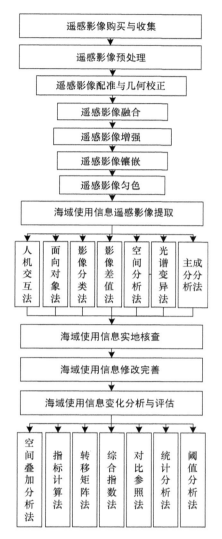

图 1-1 海域使用遥感监测与评估一般技术流程

域使用类型的空间结构、光谱特征和遥感监测技术特点，可将海域使用监测方法划分为完全遥感监测类、3S（GIS、GPS、RS）协同监测类、海面实测类 3 种。

1）完全遥感监测类：完全遥感监测类具有和陆地土地利用类型相似的明显的空间斑块镶嵌结构，主要类型包括围海养殖用海、盐田用海、城镇建设填海造地用海、工业建设填海造地用海等，可采取和陆地土地利用遥感监测相同的监测方法。根据各类海域使用类型的影像光谱和纹理特征，采集各类海域使用类型的遥感影像解译标志，建立海域使用类型地物遥感影像特征库，在遥感影像处理软件的支持下提取各类海域使用图斑信息，并辅以必要的地面核查（孙钦帮，2008）。

将提取的海域使用类型矢量数据在地理信息系统软件支持下进行数据分析与统计，也可开展相关的评估与计算。

2）3S 协同监测类：由于海域使用大多数是以海岸为依托进行的，具有海陆两栖的性质，仅采用遥感监测技术不能完全达到海域使用监测的目的，因此必须将遥感技术与地理信息系统的空间分析技术、全球定位系统相关技术结合起来。例如，港池用海监测，依据各类交通运输用海海域使用空间范围的界定要求，首先在遥感影像上勾绘出码头岸线、防波堤、堆石外缘连线（平均高潮线），即内界址线。对于设施完备的港口，以防波堤、堆石外缘连线为基准，利用 GIS 软件的 Buffer 工具做缓冲区分析，选取缓冲区靠海一侧的缓冲线作为外界址线。由内界址线、外界址线和侧界址线构成完整的港口海域使用区。对于不具备完整设施的港口，也是首先在遥感影线上勾绘出内界址线，然后以内界址线为基准，利用 GIS 软件的 Buffer 工具做 5 倍最大靠泊船长（5×100m）的缓冲区分析，选取缓冲区靠海一侧的缓冲线作为外界址线，沿海岸线方向延长内界址线至与外界址线连接，构成封闭区域，即为不具备完整设施的港口海域使用区。对于渔港，采取人机交互识别的方法勾绘出卫星遥感影像上的渔港内部平均最大高潮线至渔港外部防波堤外 50m 缓冲线，为内界址线，以人机交互的方式勾绘渔港防波堤外缘线，并以此线为基础做 50m 缓冲线，选取向海侧的 50m 缓冲线为外界址线，连接渔港内界址线和外界址线，形成封闭的渔港用海区域。

3）海面实测类：对于海底电缆管道、海底隧道、底播养殖、人工鱼礁等使用海洋底土或海床的海域使用类型，海洋表面无明显使用痕迹，采用遥感监测方法无法识别，且无法采用 GIS 空间分析方法界定海域使用范围的用海类型，只能采用 GPS 海面实测的方法获取海域使用空间信息。一般海底电缆管道、海底隧道、底播养殖、人工鱼礁等使用海洋底土或海床的海域使用类型，都会在海面有一定的标识物，标识物范围以内为海域使用区域。海面实测时可直接采用手持 GPS 测定各个海面标识物的地理坐标，然后在 GIS 软件中按顺序连接各个海面标识物的地理坐标拐点，形成封闭用海区域，即为海域使用空间斑块。连续测量区域范围内所有需要海面实测类用海项目的界址图斑，并拼接完全遥感监测类用海图斑和 3S 协同监测类用海图斑，即可形成区域海域使用矢量数据。也可收集区域范围内每一个用海项目的宗海图，并把所有的用海项目宗海图矢量化，拼接形成区域海域使用矢量数据，或者直接搜集区域内海域使用确权数据，并补充未确权用海图斑，形成区域海域使用矢量数据。

第二章

围填海造地遥感监测与评估

第一节　围填海造地工程施工过程遥感监测与评估

　　围填海造地是当前我国海域使用的主要方式之一，也是海域使用监测与评估的重点工作（索安宁和于永海，2017）。根据围填海造地的施工方式和工艺流程，可将其分为海砂吹填海造地和土石方围填海造地两种方式。海砂吹填海造地一般在围填海造地界址范围内首先采用巨石或混凝土构筑件修筑围填海造地围堰，使围堰封闭形成围填海造地围堰池塘。最外围围堰外侧坡角线连线至海岸线形成的封闭区域为围填海造地界址范围，人工岛式围填海造地则是以最外围围堰外侧坡角线连线形成的封闭区域为围填海造地界址范围。围堰修筑完成后，采用大功率抽水泵将泵管插入附近海域海底砂层，抽取海底水砂混合物吹排进围填海造地围堰池塘，至一定水位后停止抽砂吹排，待泥沙沉淀后排放上层多余海水，然后再继续抽砂吹排，如此循环直至泥沙沉淀至围堰坝顶后即完成海砂吹填海造地工程。由于海砂吹填海造地形成的土地地基相对松软，需要自然沉降或人工加速沉降一段时间后才能开展工程建设。海砂吹填海造地方式多用于海砂资源丰富的砂质海岸和淤泥质海岸。土石方围填海造地通常也是在围填海造地界址范围内首先采用巨石或混凝土构筑件修筑围填海造地围堰，使围堰封闭形成围填海造地围堰池塘。最外围围堰坡角线连线至海岸线形成的封闭区域为围填海造地界址范围。围堰修筑完成后，从工程施工附近海岸带适宜开采土石方的山体区域开山，获取土石方，运输至围填海造地围堰池塘，逐渐填满池塘形成土地。由于土石方围填海造地填充物多为相对坚硬的土石方，因此只需较短的沉降时间就可以开展工程建设。土石方围填海造地方式多用于海砂资源稀缺的基岩海岸。

　　高分辨率卫星遥感技术，尤其是空间分辨率优于 5.0m、时间频度为几天至一个月的卫星遥感技术的快速发展，为围填海造地工程施工过程遥感监测与评估提供了有效的技术。通过卫星遥感技术可以动态监测围填海造地工程的施工过程，并辅以适当的地面监测，可以全过程分析评估围填海造地工程的施工进度，成为海洋行政主管部门及时、准确地掌握围填海造地工程施工动态过程的重要技术途径。由于海砂吹填海造地和土石方围填海造地的施工工艺不同，遥感卫星获取的围填海造地区域影像特征也有所差别。海砂吹填海造地工程在卫星遥感影像上表现为一块块相对方正的围堰池塘，围堰池塘水体形成土地的方式是围堰池塘在围堰处填满溢流多余海水后短时间内快速整块形成地表湿润的土地。海砂吹填海造地新形成的土地在遥感影像上色调较暗，多呈暗褐色。土石方围填海造地工程围堰池塘水体形成土地的方式是，随着填充土石方的排倒，围堰池塘水体区域逐渐缩小，陆地区域逐渐向前推移，围堰内水陆边界线因各区域土石方排倒进度不同而呈曲折状，直至完全填满围堰池塘形成土地。土石方围填海造地新形成的土地在遥感影像上色调较亮，多呈亮灰色。

围填海造地工程施工过程遥感监测与评估的目的是，对围填海造地工程的围填施工过程进行及时、准确的监测，获取围填海工程的施工位置、施工范围、施工方式、围填进度、围填面积等数据，为海洋行政主管部门掌握围填海造地工程施工过程、优化围填海管理政策提供依据，也为海洋行政执法提供参考。

一、围填海造地工程施工过程遥感监测数据及其预处理

由于一般围填海造地工程区域范围小，监测精度要求高，误差要尽量小，而且要求进行围填海工程施工过程动态监测，因此对遥感影像的要求比较高。一般空间分辨率必须优于 5.0m，且遥感影像质量要高，时间频率上尽量在 10～30 天。对于阴雨天气较多，或时间频率较长的情况，可以考虑采用空间分辨率相近的不同数据源遥感影像。目前适合围填海造地工程施工过程遥感监测的遥感影像有高分系列卫星遥感影像、资源系列卫星遥感影像、环境减灾卫星遥感影像、Spot-5（systeme probatoire d'observation de la terre）卫星遥感影像、ALOS（advanced land observing satellite）卫星遥感影像等。采集到遥感影像后，需要进行精度较高的几何校正，保证各期遥感影像之间的位置偏差在一个像元内。同时需要进行必要的遥感影像图像增强、镶嵌、匀色等技术处理。

二、围填海造地工程施工过程遥感监测方法

围填海造地工程施工过程遥感影像监测可采用面向对象的遥感影像分类方法（Jin and Davis，2005；鞠明明等，2013）。首先，对覆盖围填海造地工程区域的遥感影像进行尺度分割，获取围填海造地工程特征图斑，并计算图斑的各种特征。其次，采用基于样本的监督分类技术和基于关联规则的专题地物分类技术，实现监测区域的多级专题地物分类，包括初级分类和次级分类。初级分类以影像光谱为主要特征，将监测区域划分为水体、滩涂、裸露地、植被、其他类 5 个类别。次级分类在初级分类的基础上进一步细分，主要针对围填海造地工程监测区域，通过对特征图斑的光谱、形状及空间关系进行多特征分析，建立围填海造地工程区域遥感监测分类规则集，对初级分类结果进一步细分。最后，对多级分类结果进行叠加分析，获取围填海造地工程区域围填海造地施工过程信息。

（1）高空间分辨率遥感影像尺度分割与特征图斑提取

遥感影像尺度分割是面向对象的遥感影像分类的第一步，主要是采用适当的尺度分割值对遥感影像进行尺度分割，获取分割的次一级图斑。然后对分割出来的次一级图斑按照图斑快速合并的方法进行层次归并，获得最终的分割特征图斑。围填海造地的特征图斑提取主要依据围填海造地区域的光谱（均值与方差）、形状（面积、周长、长宽比、矩形度等）和空间关系（父子关系、邻居关系）等。其中光谱特征主要应用于次一级图斑分割；形状特征及空间关系等主要应用于层次归并（吴正鹏等，2012；温礼等，2016）。

（2）初级分类

初级分类过程与常规的监督分类过程类似，主要以光谱（波段均值）为分类特征进行分类器的训练和测试，将监测区域初步划分为水体、滩涂、裸露地、植被、其他类 5 个类别。分类器可采用支持向量机（support vector machine，SVM）实现特征图斑面向对象的初级分类。

（3）次级分类

次级分类是在初级分类的基础上，以围填海造地为总约束，利用光谱、形状、空间关系等特征，建立分类知识规则集，对以上 5 个初级分类结果进行细化。将水体进一步细分为外海水体、围堰池塘水体、养殖池塘水体和其他内陆水体等；将裸露地进一步细分为围堰堤坝、道路、新形成围填海造地、其他裸露地等；将滩涂进一步细分为自然滩涂、海砂吹填海沉淀区。

围堰堤坝、道路、新形成围填海造地作为人工地物，一般形状规则，边缘清晰。道路和围堰堤坝具有线性特征，且呈亮色调，和与其相邻的滩涂、水体、植被等光谱相应有着较为明显的差异。将遥感影像分割后，围堰堤坝、道路、新形成围填海造地等特征图斑的光谱特征一般集中于某一光谱范围内，且特征图斑的长度、长宽比等数值相对稳定。因此，可首先选取合适波段，设定合适的光谱阈值进行特征图斑的初筛；其次引入长宽比、长度、面积等形状特征，设定形状规则阈值，滤除非围填海造地区域。此外，还可以进一步引入空间关系，根据地物是否属于围填海造地区域，来滤除围填海造地监测区域以外的地物。

围填海造地工程围堰水体一般为人工修筑，因而具有较为规则的形状，其提取是在初级水体分类中，通过剔除外部大范围的海洋水体、养殖池塘、入海河流等其他水体的方式来实现。具体分为两个步骤，第一，大面积水域图斑的剔除，外部海域为面积较大的海洋水体，可在已提取的水体特征图斑基础上，设定面积阈值，剔除大于面积阈值的大范围海洋水体特征图斑。第二，其他水域图斑的剔除，包括河流、沟渠、养殖池塘、蓄水池等与围填海造地无关的水域斑块的剔除，河流、沟渠等线状水域形状上往往细长且不太规则，可根据图斑的长宽比、矩形度等形状参数将其从一级水体中剔除。对于养殖池塘、蓄水池等与围填海造地围堰水体形状相似的图斑，可采用邻接关系，剔除远离围填海造地区域的水体图斑。

（4）分类结果整合

将不同时期遥感影像提取的初级分类结果和次级分类结果进行空间整合，并经过每次地面核查核实验证，修正遥感监测结果，形成围填海造地工程施工过程遥感动态监测结果，作为围填海造地工程施工过程遥感动态监测成果上报和评估分析的基础数据。

围填海造地工程施工过程遥感监测具体技术流程见图 2-1。

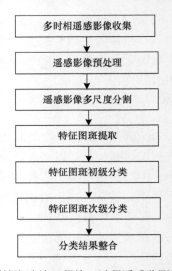

图 2-1 围填海造地工程施工过程遥感监测技术流程图

三、围填海造地工程施工过程评估方法

围填海造地工程施工过程评估的主要内容包括围填海造地工程施工占用海岸线（尤其是占用自然海岸线）强度、围填海造地工程的施工速度、围填海造地工程的施工进度，目的是反映围填海造地工程的施工动态过程。围填海造地工程施工过程评估的主要指标包括围填海造地工程海岸线占用强度指数、围填海造地工程施工速度和围填海造地工程施工进度指数。

（1）围填海造地工程海岸线占用强度指数

围填海造地工程海岸线占用强度就是围填海造地工程占用海岸线的强度，其目的是反映围填海造地工程的空间聚集利用程度，以及对原有海岸线的占用和破

坏程度。围填海造地工程海岸线占用强度指数为单位海岸线长度（km）上承载的围填海造地面积（hm²），计算公式为

$$I = \frac{S}{L} \tag{2-1}$$

式中，I 为围填海造地工程海岸线占用强度指数，S 为监测区域围填海造地工程总面积（hm²），L 为围填海造地工程占用海岸线长度（km）。

（2）围填海造地工程施工速度

围填海造地工程的施工速度就是单位时间（月、季、年）围填海造地工程的施工进展，可用单位时间内围填海造地的面积表示。可采用本期遥感影像监测的围填海造地面积减去上期遥感影像监测的围填海造地面积，再除以两期遥感影像获取的时间间隔，具体计算方法如下：

$$SD = \frac{S_i - S_{i-1}}{T} \tag{2-2}$$

式中，SD 为围填海造地工程施工速度，S_i 为第 i 期遥感影像监测的围填海造地面积（hm²），S_{i-1} 为第 $i-1$ 期遥感影像监测的围填海造地面积（hm²），T 为第 i 期监测的遥感影像获取时间至第 $i-1$ 期监测的遥感影像获取时间之间的时间跨度，一般可采用月份数来表示。

（3）围填海造地工程施工进度指数

围填海造地工程施工进度指数主要反映围填海造地工程施工的进度情况，可采用遥感影像监测的围填海造地面积与围填海造地项目的批准围填海造地面积之比表示，具体计算方法如下：

$$JD_i = \frac{S_i}{S_0} \tag{2-3}$$

式中，JD_i 为第 i 期遥感影像监测的围填海造地工程施工进度指数，S_i 为第 i 期遥感影像监测的围填海造地面积（hm²），S_0 为围填海造地项目的批准围填海造地面积（hm²）。由于围填海造地用海面积是按照围填海造地工程最外围围堰外侧的坡角线开始计算的，而遥感影像监测到的围填海造地面积多为瞬时水边线。但大部分围填海造地工程外侧围堰的坡度都比较大，围堰外坡占用的海域面积占围填海造地总面积的比例很小，可以忽略。

四、围填海造地工程施工过程遥感监测与评估方法实践应用

（一）围填海造地工程概况

选取某省重点建设围填海造地工程项目，开展围填海造地工程施工过程卫星

遥感监测与评估实践应用。该围填海造地工程占用自然海岸线 2172m，用海批复时间为 2011 年 8 月 29 日，施工期 3 年，用海总面积为 761.1979hm²，其中围填海造地 467.6280hm²，非透水构筑物 27.8112hm²，港池 265.7587hm²。项目用海施工方案如下。①防波堤及围堰工程施工。项目防波堤、护岸及围堰工程按常规的回填工程工艺进行施工，采用陆上端进法抛填堤心块石，然后抛填里垫层块石、护面和护底块石。施工物料来自回填区邻近的丘陵。②填海造地工程施工。填海造地工程主要施工方式为港池疏浚物吹填，补充小部分的土石方完成回填。疏浚及吹填工程施工采用船舶吹填，对于吹距较近的区域，疏浚物可直接由绞吸船吹至吹填区域；对于少量吹距较远的区域，采用加设接力泵站以满足吹填要求。

（二）围填海造地工程施工过程遥感监测分析

根据本围填海造地工程的施工过程，共开展 5 次卫星遥感监测，分别为施工前 1 次，施工期 4 次。各次围填海造地工程施工过程遥感监测采用的影像数据见表 2-1。同时开展地面监视监测，采集围填海造地工程围堰拐点坐标，并拍摄现场影像。

表 2-1　围填海造地工程施工过程遥感监测影像数据表

序号	施工阶段	遥感影像数据源	获取时间	空间分辨率/m
1	工程施工前	Spot-5	2011 年 8 月 18 日	2.5
2	工程施工初期	Spot-5	2012 年 3 月 2 日	2.5
3	工程施工中期	Spot-5	2012 年 9 月 6 日	2.5
4	工程施工末期	环境减灾卫星	2013 年 3 月 5 日	30.0
5	工程施工结束	RapidEye	2013 年 9 月 20 日	5.0

注：RapidEye 为德国的一种商用卫星

2011 年 8 月 18 日围填海造地工程施工前的遥感影像见图 2-2a，从遥感影像上可见，围填海造地工程施工前，项目建设海岸为平直砂质海岸，项目用海区东北角有一处长约 319m，宽约 35m 的亮灰色人工构筑物。现场核查测量表明该人工构筑物为一条长 318m，宽 35m 的非透水构筑物，属于"未批先建"的违规用海，违规用海面积为 1.11hm²。

2012 年 3 月 2 日围填海造地工程施工初期的遥感影像见图 2-2b，从遥感影像上可见，围填海造地工程施工向海推进，外侧围堰已形成，影像特征清晰、平直，围堰折角大多接近直角，已完成围填海面积 152hm²。其中位于围填海造地区域东部的 A 区和 B 区，影像的颜色、纹理均与周围海水反差较大，尤其是位于东北角的 A 区，影像颜色明显比周围海水明亮，可见网格状道路及部分建筑，初步判断为填海成陆后的在建区，面积约 8.0hm²，现场核实该区域已经完成地面硬化，并

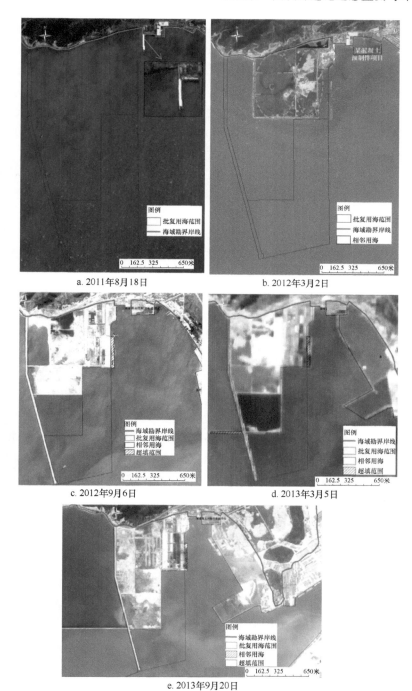

a. 2011年8月18日　　　　　　　　　　b. 2012年3月2日

c. 2012年9月6日　　　　　　　　　　d. 2013年3月5日

e. 2013年9月20日

图 2-2　围填海造地工程施工过程遥感监测图

建设了部分厂房和道路；B区中的一部分影像颜色基本与周围陆域裸露地相近，初步判断为已成陆区，面积约 22.0hm²，现场核实该区域正处于吹填作业后的沉降阶段。位于围填海造地区域西侧的 C 区，其大部分影像的颜色与周围海水相近，并可见流线型纹理，据此初步判断为在填区，面积约 105.0hm²，现场核实该区域正处于大规模吹填作业阶段。此外，围填海造地区域东侧可见一块影像颜色和纹理与周围海水反差较大的区域，面积约 17.0hm²，现场核实该区域为一处围填海造地施工作业区，主要为围填海造地工程预制混凝土构件。

2012 年 9 月 6 日围填海造地工程施工中期的遥感影像见图 2-2c，从遥感影像上可见，围填海造地工程施工继续向南侧、东侧、西侧海域推进，外侧围堰已全部形成，并形成一条近 4300m 的防波堤，已完成围填海造地约 386.0hm²。围填海造地区域大部分影像的颜色、纹理与周围海水反差较大，影像颜色明显比周围海水明亮，可见部分绿地及建筑。围填海造地区域东南侧部分影像颜色高亮，海岸线平直，并可见停靠的船舶，现场核实表明该码头部分泊位已进入试运营阶段。叠置本项目的批复用海界址范围发现，围填海造地区域东侧码头泊位区域约 6.0hm² 超出批复用海范围，现场测量证实，东侧建成的码头区域超出项目批复用海范围填海造地 6.2657hm²。此外，围填海造地区域东侧和东南侧，可见几块影像颜色高亮区域，现场核实为围填海造地形成的土地上的开发建设项目。

2013 年 3 月 5 日围填海造地工程施工末期的遥感影像见图 2-2d，从遥感影像上可见，对比上次监测结果，围填海造地区域继续向南侧海域围海约 102.0hm²，外侧围堰已全部形成，已完成本围填海造地工程全部围海作业。围填海造地区域大部分影像的颜色、纹理与周围海水反差较大，影像颜色明显比周围海水明亮，现场核实该区域北侧、东侧大部分区域已完成地面硬化，并正在进行厂房、道路和码头泊位建设。围填海造地区域最南侧新围成海域的影像颜色与周围海水相近，现场核实该区域正在进行吹填作业。叠置本项目的批复用海界址范围发现，围填海造地区域东侧的违规围填海造地面积与上次监测结果相比没有增加。围填海造地区域东西两侧及东南侧，可见几块影像颜色高亮区域，现场核实为围填海造地形成的土地的开发建设项目。

2013 年 9 月 20 日围填海造地工程施工结束时的遥感影像见图 2-2e，从遥感影像上可见，围填海造地工程施工基本已完成，对比上次监测结果，围海面积没有增加，围海区域内全部形成陆域。尤其是围填海造地区域的东侧，影像的颜色、纹理与周围海水反差极大，并可见清晰的网状道路及较密集的建筑形态。现场核实该区域已完成地面硬化，并正在进行厂房、道路建设，东侧的码头停靠区已进入正常营运阶段。经叠置本项目的批复用海范围发现，本次围填海区域东侧区域约 6.3233hm² 超出批复用海范围，初步判断为已被依法查处的超填用海，待现场勘察测量核实。此外，该项目围填海区域东西两侧及东南侧，可见几块影像颜色高亮区域，经咨询相关部门，为几处已批在建的围填海项目。

（三）围填海造地工程施工过程评估分析

本围填海造地工程施工过程遥感监测图见图 2-3。根据围填海造地工程施工过程评估方法，围填海造地工程施工前，只有一块违规建设的非透水构筑物，面积为 1.11hm²，占用海岸线长度为 0.035km，围填海造地海岸线占用强度指数为 31.71hm²/km；围填海造地施工初期，围填海总面积为 152.00hm²，其中围海 105.00hm²，围填海造地 47.00hm²，填海造地占用海岸线 1.18km，填海造地海岸线占用强度指数为 39.83hm²/km；围填海造地施工中期，围填海造地总面积为 386.00hm²，围填海造地占用海岸线 1.560km，围填海造地海岸线占用强度指数为 247.44hm²/km；围填海造地施工末期，围填海造地总面积为 435.00hm²，围填海造地占用海岸线 2.172km，围填海造地海岸线占用强度指数为 200.28hm²/km；围填海造地施工结束时，完成围填海造地（包括非透水构筑物）总面积为 501.44hm²，围填海造地占用海岸线 2.172km，围填海造地海岸线占用强度指数为 230.87hm²/km。

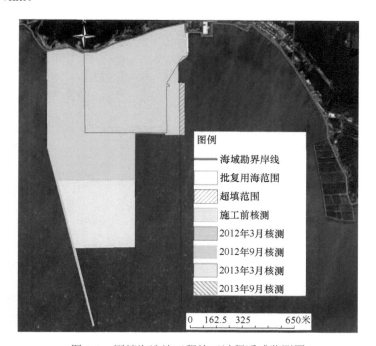

图 2-3 围填海造地工程施工过程遥感监测图

在围填海造地工程施工进度方面，围填海造地工程施工初期，围填海造地面积为 47.00hm²，占围填海造地（包括非透水构筑物）批准面积 495.4392hm² 的

9.49%，围填海造地工程施工进度指数为0.10；围填海造地工程施工中期，围填海造地面积为 386.00hm²，围填海造地工程施工进度指数为 0.78；围填海造地工程施工末期，围填海造地面积为435.00hm²，围填海造地工程施工进度指数为0.88；围填海造地工程施工结束，围填海造地面积为 501.44hm²，围填海造地工程施工进度指数为1.01。

第二节 围填海区域开发利用遥感监测与评估

围填海区域开发利用监测与评估是围填海后评估的重要内容,通过对围填海区域开发利用情况进行监测与评估,可以详细反映围填海区域的开发利用类型、用途及空间布局,道路等基础设施建设情况,绿地、水系、湿地等生态用海方案落实情况,以及围填海区域总体开发利用程度,为海洋行政主管部门后期的围填海项目审批、集约用海与生态用海管理政策制定、围填海区域海陆统筹管理等提供技术依据。将围填海区域开发利用监测与评估结果与围填海海域使用论证报告进行对比,也可分析围填海海域使用论证报告中所预测的围填海用海必要性、围填海用海规模合理性、生态用海方案可行性等论证结论的正确性。因此,开展围填海区域开发利用监测与评估对加强我国海域使用事中事后监管、推动围填海后评估工作落地实施具有重要的应用价值。高空间分辨率遥感影像以其较高的地面空间分辨率为优势,能够识别更为详细的地表特征信息,是近年来地表资源环境精细监管最有效的手段(季顺平和袁修孝,2010;刘书含等,2014)。如何利用高空间分辨率卫星遥感影像开展围填海区域开发利用现状监测,及时准确地掌握围填海区域的开发利用动态,是我国海域使用动态监管亟待解决的技术问题之一。本节采用国产高分一号(GF-1)卫星遥感影像,通过分析围填海区域开发利用状态及类型,建立面向对象的围填海区域开发利用遥感监测技术方法与流程,并以营口市南部海岸作为实践应用区域,分析围填海区域开发利用类型、程度与特征,为围填海区域开发利用遥感监测与评估提供技术依据。

一、围填海区域开发利用状态与类型的界定与分类

围填海区域是围填海造地形成土地用于开发建设利用的区域。围填海区域的主要开发利用方向包括建设临海/临港工业园区、滨海城镇、滨海旅游区、港口码头与物流区等。根据围填海区域的开发利用状态及用途方向,可将围填海区域地表状态划分为工业区、城镇区、旅游区、港口码头区、低密度建设区、道路、绿地、水系、湿地,以及围而未填区、填而未建区等(索安宁等,2016)。围填海区域各类地表状态类型及其特征描述见表2-2。

表 2-2　围填海区域地表状态分类及其特征描述

序号	地表状态类型	特征描述
1	工业区	各类工业生产、储存设施建设区域
2	城镇区	城镇居住、商业、服务业、基础设施建设区域,包括居民小区、商业与服务业建筑等
3	旅游区	滨海旅游、休闲和娱乐的观景区、休憩区、娱乐区及其各类附属设施建设区
4	港口区	港口码头货物装卸区、储存放置区,以及运输通道及服务港口码头运营的各类基础设施建设区
5	水系	呈条带状连通海洋的各类泄洪、纳潮、排污渠道
6	绿地	围填海区域内的绿化林地、灌丛、草坪等区域
7	低密度建设区	开发建设面积比例低于 50%的围填海形成土地区域
8	围而未填区	近期新修筑了围堰而没有围填成陆,仍保持池塘水域的区域
9	填而未建区	已由水域填充成为土地但还没有开发建设的区域,地表多覆盖草本植被或直接裸露
10	湿地	围填海区域内相对低洼且常年积水或湿润的区域
11	道路	围填海区域内连通各个区域,供车辆通行的沥青或混凝土路面

二、面向对象的围填海区域开发利用遥感监测方法

收集覆盖监测区域的 GF-1 卫星遥感影像、Spot-5 卫星遥感影像及 1∶10 000数字地形图。卫星遥感影像预处理主要进行几何精校正,具体方法如下:①在覆盖研究区域的卫星遥感影像上均匀布设地面控制点 25 个,地面控制点主要选取道路交叉口和围堰交叉口,交叉口尽量呈直角,定于两条道路或围堰相交边线的直角顶点,便于实测定位;②利用车载 GPS 在现场找到卫星遥感影像上的控制点位置,采用高精度实时动态(real-time kinematic,RTK)信标机在控制点上进行现场定位;③利用遥感影像处理软件 ERDAS IMAGE 9.2,采用二元三次多项式对GF-1 卫星遥感影像和 Spot-5 卫星遥感影像的全色波段进行几何精校正(吴涛等,2011)。利用精校正好的 GF-1 卫星遥感影像和 Spot-5 卫星遥感影像进行对比,相互检查校正效果。

根据围填海区域的地表类型特点,以 GF-1 卫星遥感影像和 Spot-5 卫星遥感影像为基础数据,采用面向对象的分类技术,首先,对 GF-1 卫星遥感影像和 Spot-5卫星遥感影像进行尺度分割。尺度分割是依据相同的光谱特征和空间邻接关系将影像划分成像素群的过程,其间既能生成分类对象,又能将分类对象按等级结构连接起来(陶超等,2010;李成范等,2011)。其次,建立围填海区域地表状态分类知识库,也就是根据不同围填海区域的地表影像光谱特征、形状特征和纹理特

征等建立围填海区域地表状态影像特征库。表 2-3 为研究区各类围填海区域地表状态遥感影像特征。再次，根据影像特征库定义样本对象，插入分类器对尺度分割后的影像进行面向对象分类。最后，采集地面验证点，对分类结果进行精度评价，保证卫星遥感影像的分类准确率达到 90% 以上。面向对象的围填海区域开发利用遥感影像分类技术流程图见图 2-4。

表 2-3　各类围填海区域地表状态遥感影像特征

序号	地表状态类型	光谱特征	形状与纹理特征	影像样本
1	工业区	建筑物随建筑物顶部色彩呈浅红、浅蓝等各种色彩	被道路分割的工业区内密集排列着形状不同的工业建筑物	
2	城镇区	居住楼房呈暗灰色，道路呈亮灰色	被道路分割的居住区内密集排列着矩形建筑楼房	
3	港口码头区	港池水体呈黑灰色，码头区域为浅灰色，裸露地呈亮灰色	具有突堤状伸入海域的码头和被码头分割形成的开放式港池	
4	旅游区	旅游基础设施区域呈暗灰色，绿地呈不同绿色	围填海形状多样，绿地斑块镶嵌分布，呈暗绿色，娱乐活动区域呈片状分布	
5	低密度建设区	建设区域随建筑物顶部颜色而变化，非建设区域呈暗灰色或暗绿色	建筑物具有规则的矩形形状，且明显凹于影像其他区域	
6	水系	水系水体呈黑灰色，周边呈暗绿色、灰色等多种颜色	水系水体呈条带状，海岸线自然平滑	
7	绿地与湿地	湿地植被区域呈暗绿色，水域呈黑灰色	形状自然，其间分布有自然或人工边界的水域	

续表

序号	地表状态类型	光谱特征	形状与纹理特征	影像样本
8	围而未填区	水域因水深不同呈灰色、灰黑色,围堰呈亮灰色	多呈矩形或不规则的围堰池塘,围堰内为水域	
9	填而未建区	有草本植物生长区域为暗绿色,无植物生长区域为灰色	多呈被道路分割的矩形或正方形	

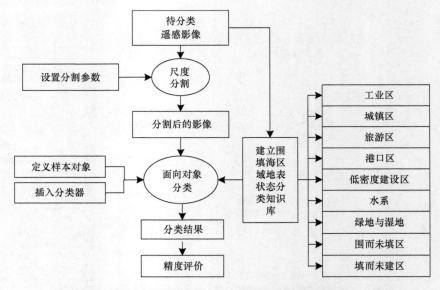

图 2-4 面向对象的围填海区域开发利用遥感影像分类技术流程图

采用面向对象的遥感影像分类方法分别对 GF-1 卫星遥感影像和 Spot-5 卫星遥感影像进行分类,形成围填海区域开发利用类型分类矢量数据。采用路线验证法,校验遥感影像分类的准确性。验证过程采用车载 GPS 定位,现场记录并拍摄照片,重点对遥感影像上的复杂类型和疑点疑区地面情况进行地面验证核实。

三、围填海区域开发利用评估方法

根据围填海区域开发利用规模与面积比例情况,构建围填海区域开发利用指数，作为围填海区域开发利用情况的定量评估指标。围填海区域开发利用指数计算方法如下：

$$KF = \frac{\sum_{j=1}^{m} w_j \left(\sum_{i=1}^{n} a_i \right)}{A} \qquad (2\text{-}4)$$

式中，KF 为围填海区域开发利用指数，w_j 为围填海区域第 j 个地表类型权重，A 为围填海区域总面积，a_i 为围填海区域第 j 个地表类型第 i 个开发利用斑块面积。围填海区域开发利用指数 KF 越大，说明围填海区域开发利用程度越高。各类围填海区域地表类型的权重采用专家问卷调查法确定，具体见表 2-4。

表 2-4 各类围填海区域地表类型权重表

围填海区域地表类型	权重	围填海区域地表类型	权重
工业区	1.0	城镇区	1.0
旅游区	1.0	港口码头区	1.0
水系	1.0	绿地	1.0
湿地	1.0	低密度建设区	0.6
围而未填区	0.2	填而未建区	0.4

四、营口市围填海区域开发利用遥感监测与评估实践应用

（一）营口市围填海区域开发利用空间特征

营口市围填海区域开发利用空间分布见图 2-5，围填海区域开发利用类型面积统计见表 2-5。可以看出，营口市围填海区域开发利用类型主要有城镇区（2567.36hm²）、工业区（1687.86hm²）、低密度建设区（2619.08hm²）、河流（607.37hm²），湿地面积只有 952.14hm²，以上开发利用面积占围填海区域总面积的 24.74%。其余围填海区域为未开发利用区域，包括填而未建区（6379.24hm²），占围填海区域总面积的 21.09%；低效盐田（6204.79hm²），占围填海区域总面积的 20.52%；低效养殖池塘（6320.83hm²），占围填海区域总面积的 20.90%。以上围填海区域内部存在明显的空间差异性，城镇区、工业区、低密度建设区等已开发利用类型主要分布在北部区域，占到北部区域总面积的 54.84%。填而未建区、低效盐田和低效养殖池塘等未开发利用区域主要分布在中部区域，占到中部区域总面积的 87.01%。南部区域以围而未填区、低效盐田和低效养殖池塘为主，分别占到南部区域总面积的 32.70%、23.23% 和 33.81%。

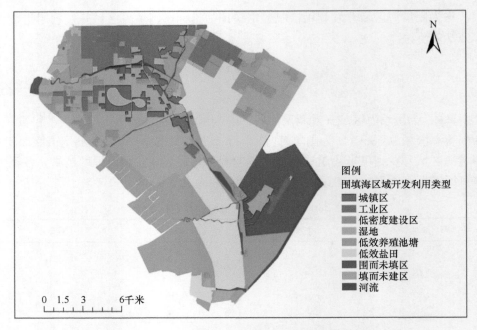

图 2-5 营口市围填海区域开发利用空间分布图

表 2-5 营口市围填海区域开发利用类型面积统计 （单位：hm²）

开发利用类型	北部区域	中部区域	南部区域	区域总体
城镇区	2 315.88	119.80	131.68	2 567.36
工业区	1 476.86	211.00	0.00	1 687.86
河流	159.69	142.83	304.85	607.37
低密度建设区	1 889.22	687.19	42.67	2 619.08
湿地	661.99	274.14	16.01	952.14
围而未填区	82.40	44.51	2 777.52	2 904.43
填而未建区	2 592.83	3 410.69	375.72	6 379.24
低效盐田	630.27	3 601.45	1 973.07	6 204.79
低效养殖池塘	552.43	2 897.03	2 871.37	6 320.83
合计	10 361.57	11 388.64	8 492.89	30 243.10

　　以上围填海区域开发利用的空间差异性说明营口市围填海区域开发利用存在自南向北的转化过程，南部区域多为低效盐田、低效养殖池塘，部分盐田已被圈围，但还没有填充成土地，处于围填海区域形成前期阶段；中部区域已有近30%的区域被围填成土地，但尚未开发建设，其余区域多为低效盐田和低效养殖池塘，处于围填海区域形成阶段；北部区域有36.60%的围填海区域已被开发建设，成为城镇区、工业区等，18.23%的区域被初步开发成为低密度建设区，25.02%的区域

已被填充成土地，有待开发建设，低效盐田、低效养殖池塘等可以开发利用的存量资源总和只占北部区域总面积的 17.80%，处于围填海区域的开发利用阶段。

（二）营口市围填海区域开发利用过程分析

表 2-6 为 2015 年和 2005 年营口市围填海区域开发利用类型的转移矩阵，通过该转移矩阵可以分析营口市围填海区域的开发利用过程。可以看出营口市围填海区域开发利用类型主要为城镇区和工业区。城镇区除保持 2005 年的 915.28hm² 以外，扩张开发利用区域主要来自低效盐田（694.06hm²）、低密度建设区（542.21hm²）、湿地（151.67hm²）和填而未建区（102.95hm²）。工业区扩张开发利用区域主要来自低效盐田（798.32hm²）、低效养殖池塘（293.82hm²）、低密度建设区（141.71hm²）、围而未填区（98.68hm²）和填而未建区（85.26hm²）。河流基本承接其原来的面积，增加部分主要来自 2005 年的低效盐田，面积为 124.29hm²。低密度建设区形成途径相对复杂，主要包括低效盐田（1437.69hm²）、低效养殖池塘（468.63hm²）、低密度建设区（366.33hm²）、围而未填区（183.10hm²）和填而未建区（120.83hm²）等。湿地主要由低效盐田和低效养殖池塘废弃淤积而成，形成面积分别为 618.17hm² 和 180.25hm²，只有 54.77hm² 保持原来的湿地状态。

表 2-6　营口市围填海区域开发利用类型转移矩阵　　　　（单位：hm²）

2005 年 ＼ 2015 年	围而未填区	填而未建区	低密度建设区	低效盐田	低效养殖池塘	湿地	城镇区	工业区	河流
围而未填区	0	18.67	183.10	0	0	21.41	43.5	98.68	0
填而未建区	0	82.22	120.83	0	0	0	102.95	85.26	0
低密度建设区	0	0	366.33	0	0	0	542.21	141.71	0
低效盐田	2814.44	5483.36	1437.69	6097.44	1989.75	618.17	694.06	798.32	124.29
低效养殖池塘	0	504.35	468.63	0	2137.81	180.25	11.55	293.82	13.67
湿地	0	32.25	19.91	0	155.06	54.77	151.67	25.03	1.42
城镇区	0	0	0	0	0	0	915.28	0	0
工业区	0	0	0	0	0	0	27.14	245.68	0
河流	7.19	56.07	13.41	0	124.74	25.3	29.76	8.21	454.86

对于未开发利用区域，面积最大的填而未建区主要由低效盐田和低效养殖池塘填充形成，其中低效盐田形成 5483.36hm²，占其总面积的 88.77%；低效养殖池塘形成 504.35hm²，占其总面积的 8.17%。围而未填区基本全部由低效盐田围圈形成。低效盐田全部来自原来的盐田区域。低效养殖池塘有 2137.81hm² 来自原有的养殖池塘，1989.75hm² 由低效盐田分割转化而来，155.06hm² 由湿地建设而成，另有 124.74hm² 来自河流圈围。

（三）营口市围填海区域开发利用综合评估

图 2-6 为营口市围填海区域开发利用指数区域分布图。营口市围填海区域总体开发利用指数为 0.49，但在围填海区域内部存在较为明显的差异。北部区域围填海开发利用指数最大，达到 0.66，说明北部区域围填海开发利用程度较高，这也可以与北部区域 22.35%的城镇区、14.25%的工业区及 25.02%的填而未建区相印证；中部区域围填海开发利用指数次之，为 0.44，说明中部区域围填海开发利用程度较低，填而未建区占 29.95%、低效盐田占 31.62%、低效养殖池塘占 25.44%；南部区域围填海开发利用指数最小，仅为 0.37，说明南部区域围填海开发利用程度最低，主要地表状态为围而未填区、低效盐田和低效养殖池塘，面积比例分别为 32.70%、23.23%和 33.81%。

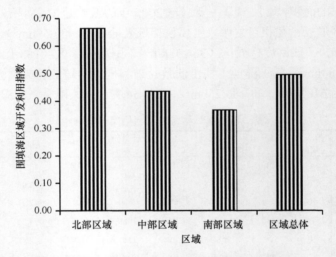

图 2-6　营口市围填海区域开发利用指数区域分布图

第三节　基于生命周期的围填海全过程遥感监测与评估

近年来，随着我国沿海经济社会的快速发展，土地资源约束效应日趋明显。许多沿海地区为拓展发展空间，纷纷开展了规模不等的围填海造地活动，为工业与城镇建设等开发利用活动提供土地资源。遥感技术可快速地获取大范围海域的开发利用动态信息，是围填海动态监测、掌握海域开发利用过程最有效的技术方法（索安宁，2017）。国家海域使用动态监视监测管理系统已将遥感技术作为海域使用动态监测的主要技术，但是目前围填海遥感监测主要基于一期或多期卫星遥感影像开展围填海面积、进展的监测分析，而缺乏对围填海从围填开始至投入开发建设全过程的监测与分析，不能满足"全过程"监管的国家海域资源集约/节约利用管理要求。生命周期理论由卡曼（A. K. Karman）于 1966 年首先提出，赫西（Hersey）与布兰查德（Blanchard）在 1976 年发展了这一理论，生命周期理论认为事物发展主要有 4 个阶段：幼稚期、成长期、成熟期、衰退期（赵飞，2015）。围填海造地作为一种新增的土地资源，其形成至开发建设再到利用过程也具有一定的生命周期。利用生命周期理论监测分析围填海全过程，对于加强围填海监管、集约/节约利用围填海形成的土地资源具有重要的意义。

一、围填海生命周期划分

围填海是指将自然海洋空间通过人工筑堤围隔并填充成土地，供工业城镇等建设利用的一种人类对海洋的开发活动。根据围填海开发利用过程特征，可将围填海开发利用过程大致划分为围填海增量期、围填海沉降期、围填海存量期、围填海消量期 4 个生命周期阶段。围填海增量期是海洋空间向陆地空间转变的阶段，这一时期，围海工程修筑围堰，在围堰封闭前围海面积为零，围堰一旦封闭，围海面积马上形成，围海面积随围堰封闭时间呈阶梯式增加；填海工程在围海工程修筑的围堰内进行，随着填海工程的推进，填海面积逐渐增大，填海面积随填海工程推进速度呈直线式平滑上升。围填海沉降期是围填海造地形成土地后，松散的填充物质在重力作用下自然压缩固结，使得围填土地表面标高降低的时期。围填海沉降期的持续时间主要与围填海工程的施工方式有关，在淤泥质海岸采用海砂吹填海造地区域，沉降时间一般为两年以上；对于基岩海岸回填造地区域，沉降时间则相对较短（1 年以内）。围填海存量期是围填海形成土地后等待开发的时期，在社会经济发展强劲、土地资源极其短缺的区域，围填海沉降期结束后可能就直接投入开发建设，围填海存量期很短；而对于超出区域实际需求的扩张式围填海区域，由于入驻项目有限，围填海存量期可能会持续很长时间。围填海消量期是围填海所形成土地的消化利用时期，围填海消量类型主要包括临海/临港工业、滨海城镇、滨海旅游、港口码头等建设用途，围填海消量期的围填海存量面积随开发建设的推进呈阶梯式减少。围填海生命周期阶段见图 2-7。

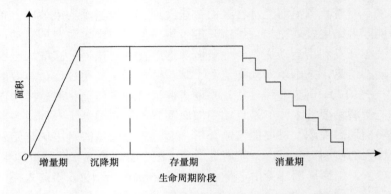

图 2-7　围填海生命周期阶段

二、围填海生命周期遥感监测

（一）遥感影像监测及预处理

开展围填海完整生命周期的精细监测，需要有覆盖围填海区域的时间序列较全、空间分辨率较高、遥感影像质量较好的系列遥感影像。在空间范围上，所有遥感影像都必须能够完全覆盖围填海造地监测区域；在时间序列上，最好每年都能采集到覆盖围填海造地监测区域的遥感影像，且每年的采集月份大致相同；在空间分辨率上，最好采用空间分辨率优于 5.0m 的高空间分辨率遥感影像；在影像质量上，要求围填海监测区域无云和其他干扰，影像质量好。所有采集到的遥感影像序列按照同一种方法进行几何精校正，可以分批开展遥感影像几何精校正，但必须保证各期遥感影像之间的位差在一个像元以内。同时进行必要的遥感影像图像增强、镶嵌、匀色等技术处理，方便后期围填海信息的提取。

（二）围填海全过程遥感监测方法

根据围填海区域地表状态特点，采用面向对象的分类技术，首先，对卫星遥感影像进行尺度分割。尺度分割是依据相同的光谱特征和空间邻接关系将影像划分成像素群的过程，其间既能生成分类对象，又能将分类对象按等级结构连接起来。其次，建立围填海状态分类知识库，也就是根据不同围填海状态的影像光谱特征、形状特征和纹理特征等建立围填海区域地表状态影像特征库。再次，根据影像特征库定义样本对象，插入分类器对尺度分割后的影像进行面向对象分类。

最后，采集地面验证点，对分类结果进行准确率验证，保证遥感影像的分类准确率达到 90% 以上。根据围填海生命周期划分阶段，结合围填海区域地表状态，将围填海类型划分为 4 个阶段 11 种地表类型，具体见表 2-7。

表 2-7　基于生命周期的围填海状态分类及描述

生命周期阶段	地表状态	状态描述	影像特征	影像样本
增量期	围而未填区	圈围的海域，呈围堰池塘状，池塘内为海水	多呈矩形或不规则的围堰池塘，围堰内为水域。水域因水深不同而呈灰色、灰黑色，围堰呈亮灰色	
	在建填海造地区	正在围堰池塘内填充围填物料，围堰池塘部分区域为土地，部分区域为水域	被围堰分割的矩形围堰内，水陆边界线随围填施工呈自然曲折，土地地表呈暗灰色，水域呈灰色	
沉降期	新建填海造地区	近两年围填形成的土地，地表裸露，无植被发育	多呈被围堰分割的矩形，地表裸露，呈暗灰色	
存量期	闲置填海造地区	3 年及以上闲置的围填海形成土地，地表或多或少有植被发育	多呈被道路分割的矩形或正方形。有草木植物生长区域为暗绿色，无植物生长区域为灰色	
消量期	低密度建设区	存在少量开发建设的围填海造地区域，开发建设面积在 50% 以下	建筑物具有规则的矩形形状，明显凹于影像其他区域。建设区域随建筑物顶部颜色而变化，非建设区域呈暗灰色或暗绿色	
	港口码头区	用于港口码头建设的围填海区域	具有突堤状伸入海域的码头和被码头分割形成的开放式港池。码头陆地呈亮灰色，港池水体呈黑灰色	

续表

生命周期阶段	地表状态	状态描述	影像特征	影像样本
消量期	工业区	用于工业开发建设的围填海区域	被道路分割的工业区内密集排列着形状不同的工业建筑物。建筑物随建筑物顶部色彩呈浅红、浅蓝等各种色彩	
	城镇区	用于城镇建设的围填海区域	被道路分割的居住区内密集排列着矩形的建筑楼房。居住楼房呈暗灰色，道路呈亮灰色	
	旅游区	用于旅游娱乐建设的围填海区域	围填海形状多样，绿地斑块镶嵌分布，呈暗绿色，娱乐活动区域呈片状分布，地表呈亮灰色	
	道路等基础设施区	用于道路、绿地等基础设施建设的围填海区域	道路呈条带状或网络状将地表分割成不同大小和形状的斑块，颜色相对均一	
	湿地区	预留为水系、湖泊、湿地等区域	水系水体呈条带状，海岸线自然平滑。水系水体呈黑灰色，周边呈暗绿色、灰色等多种颜色	

三、基于生命周期的围填海全过程分析方法

在监测围填海生命周期 T 时间段内对围填海的监测共有 n（$n>1$）期，为衡量围填海状态的增量期、沉降期、存量期和消量期 4 个不同阶段持续时间的长短，在每期围填海解译结果 SRC_i（$1 \leqslant i \leqslant n$）中，将处于这 4 个阶段的围填海区域分别赋值为 1、$2n$、$3n^2$ 和 $4n^3$，然后将 n 期围填海解译结果进行求和，生成叠加结果 SRC，即

$$SRC=\sum_{i=1}^{n}SRC_i \tag{2-5}$$

在叠加结果 SRC 中，处于增量期、沉降期、存量期和消量期 4 个不同阶段的取值范围分别为$[1, n]$、$[2n, 2n^2]$、$[3n^2, 3n^3]$和$[4n^3, 4n^4]$，这 4 个取值范围没有交集，因为当 $n>1$ 时，严格满足 $1<n<2n<2n^2<3n^2<3n^3<4n^3<4n^4$。

为综合分析围填海区域不同位置在 T 时间段内的变化过程，本节基于 n 期围填海解译结果，计算 4 个生命周期阶段的持续时间（增量期时间 T_m、沉降期时间 T_n、存量期时间 T_p、消量期时间 T_q），方法如下：

$$T_m=\left\lfloor \frac{[(SRC \bmod 4n^3) \bmod 3n^2] \bmod 2n}{1} \right\rfloor \tag{2-6}$$

$$T_n=\left\lfloor \frac{(SRC \bmod 4n^3) \bmod 3n^2}{2n} \right\rfloor \tag{2-7}$$

$$T_p=\left\lfloor \frac{SRC \bmod 4n^3}{3n^2} \right\rfloor \tag{2-8}$$

$$T_q=\left\lfloor \frac{SRC}{4n^3} \right\rfloor \tag{2-9}$$

式中，$x \bmod y$ 表示 x 除以 y 的余数，$\lfloor x \rfloor$ 表示对实数 x 取整数，即 $\lfloor x \rfloor$ 为小于 x 的最大的整数。如果监测期数为 10 期，即当 $n=10$ 时，沉降期时间 $T_n\leqslant2$，$T_m+T_n+T_p+T_q\leqslant n$。

$$T_m=\left\lfloor \frac{[(SRC \bmod 4000) \bmod 300] \bmod 20}{1} \right\rfloor \tag{2-10}$$

$$T_n=\left\lfloor \frac{(SRC \bmod 4000) \bmod 300}{20} \right\rfloor \tag{2-11}$$

$$T_p=\left\lfloor \frac{SRC \bmod 4000}{300} \right\rfloor \tag{2-12}$$

$$T_q=\left\lfloor \frac{SRC}{4000} \right\rfloor \tag{2-13}$$

四、围填海开发存量指数

为反映围填海区域存量资源状况，本节以围填海区域类型与面积为基础，结合围填海区域存量时间权重，构建围填海开发存量指数，作为围填海开发存量的定量评估指标。围填海开发存量指数计算方法如下：

$$\text{WKFC} = \frac{\sum_{i=1}^{n} q_i w_i a_i}{S_0} \qquad (2\text{-}14)$$

式中，WKFC 为围填海开发存量指数，a_i 为第 i 块围填海区域面积，w_i 为第 i 块围填海区域地表类型权重，q_i 为第 i 块围填海区域存量时间权重，S_0 为围填海区域总面积。围填海开发存量指数 WKFC 越大，说明围填海开发存量持续时间越长，围填海开发存量越大。各类围填海区域地表类型权重采用专家问卷调查法确定，具体见表 2-8。

表 2-8　围填海区域地表类型权重表

围填海区域地表类型	权重	围填海区域地表类型	权重
围而未填区	0.4	在建填海造地区	0.5
新建填海造地区	0.6	闲置填海造地区	1.0
低密度建设区	0.5	工业区	0.6
城镇区	0	港口码头区	0
旅游区	0	湿地	0
其他已建社区	0	道路	0

五、天津滨海新区围填海全过程遥感监测与评估应用实践

（一）天津滨海新区围填海过程分析

收集 2006～2015 年采集的覆盖天津滨海新区围填海区域的高空间分辨率卫星遥感影像，采用本节所述技术方法，分别对 2006～2015 年校正处理好的卫星遥感影像进行围填海信息提取，并采取现场线路验证、咨询作业人员的方法检验信息提取精度，保证各类围填海信息提取准确度在 90% 以上，最后形成 2006～2015 年天津滨海新区围填海造地过程图（图 2-8）。

天津滨海新区 2006～2015 年围填海造地生命周期变化过程见图 2-9。2006～2010 年围填海总规模快速扩张，从 2006 年的 3355.09hm² 增长到 2010 年的 18 669.38hm²，年均新增围填海面积为 3062.95hm²。2011～2015 年围填海总规模扩张速度大幅降低，2015 年围填海总面积为 22 689.21hm²，年均新增围填海面积减少为 803.88hm²。增量期是围填海造地开发过程的初始阶段，包括围而未填区和在建填海造地区在内的增量期围填海面积在 2006 年为 2642.17hm²，2007 年达到 4078.75hm²，2008 年达到 5393.43hm²，2009 年快速增加到最高值 9135.41hm²，此后面积大体呈降低趋势，2010 年降低到 7425.56hm²，2015 年仍保留有 4504.70hm² 的围而未填区。沉降期处于围填海造地开发的第二个阶段，持续时间最多为两年，两年后就转化为存量期。2006 年沉降期围填海造地面积仅为

538.21hm^2，2007～2009 年都维持在 1000～2000hm^2，2010 年快速增加到 7037.15hm^2，2011 年进一步增加到 7711.06hm^2，2012 年以后面积大体呈减少趋势，到 2015 年仅有 163.46hm^2。存量期围填海造地从 2008 年开始出现，2008～2011 年面积一直较小，2012 年增加到 5509.22hm^2，2013 年和 2014 年分别增加到 6513.87hm^2 和 8162.70hm^2，2015 年进一步增加到 10 207.66hm^2，成为面积最大的围填海造地生命周期阶段，占当年围填海总面积的 44.99%。消量期是围填海造地开发利用的最后阶段，其面积一直保持稳步上升状态，从 2006 年的 174.71hm^2 增加到 2015 年的 7813.39hm^2，成为仅次于存量期围填海造地的第二大生命周期阶段，占当年围填海总面积的 34.44%。

天津滨海新区围填海区域可以划分为中部的天津港区、南部的南港工业区和北部的滨海休闲旅游区，围填海造地呈现自天津港区向南、北方向的扩展过程。天津港区总体围填海面积较大，开发利用面积比例也比较大，港口区、工业区、旅游区、道路和低密度建设区的面积比例总和达到 50.84%，也就是说天津港区有超过一半的围填海区域已被开发建设利用，围而未填区和闲置填海造地区面积都是 3 个区域中最小的，该区域正处于围填海造地的消量期。南港工业区的围填海面积最大，但工业区、港口码头区、道路、湿地及低密度建设区总面积仅占围填海总面积的 25.47%，其余 74.53%的区域为围而未填、新建填海造地区和闲置

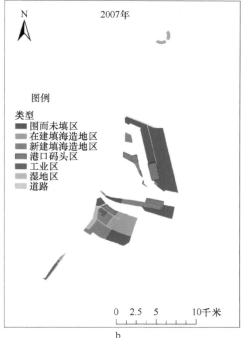

a

b

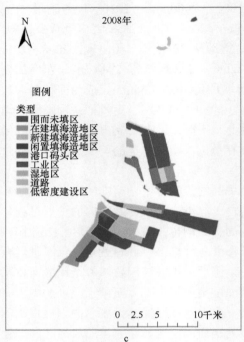

c

d

e

f

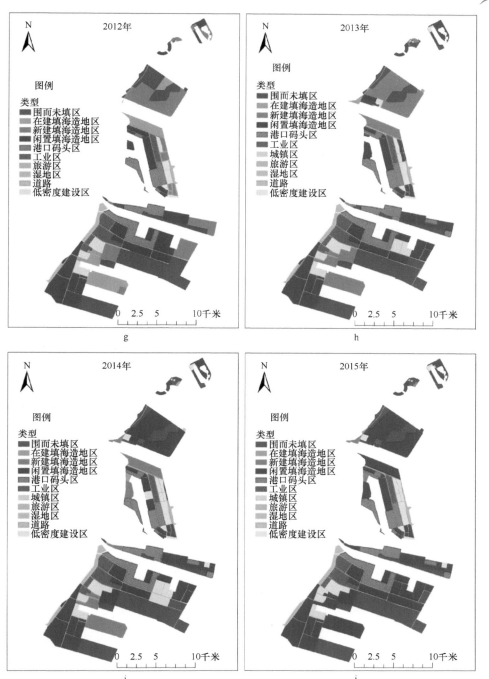

图 2-8　2006~2015 年天津滨海新区围填海造地过程

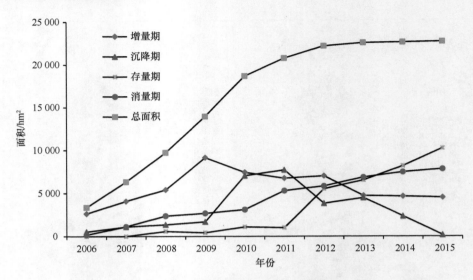

图 2-9　天津滨海新区围填海造地生命周期变化过程

填海造地区，闲置填海造地是 3 个区域中最大的，目前正处于围填海造地的存量期。滨海休闲旅游区围填海面积最小，只有少量的旅游、工业区和低密度建设区，开发建设利用总面积比例仅为 5.89%，其余 94.11% 的区域正处于围填海存量期，其中围而未填区面积占 25.28%，闲置填海造地区面积占 68.83%，目前正处于围填海存量资源的形成阶段。

（二）基于生命周期的围填海造地全过程分析

图 2-10 为天津滨海新区围填海造地生命周期分布图。2015 年天津滨海新区围填海造地生命周期中，以存量期面积最大，为 10 207.66hm²，占围填海区域总面积的 44.99%；其次为消量期，面积为 7813.39hm²，占围填海区域总面积的 34.44%；再次为增量期，面积为 2859.77hm²，占围填海区域总面积的 12.68%；面积最小的是沉降期，仅为 2374.54hm²，占围填海区域总面积的 7.89%。从区域分布上看，增量期区域主要分布在南港工业区和滨海休闲旅游区，面积分别为 1983.43hm² 和 876.34hm²；沉降期区域主要分布在南港工业区和天津港区，面积分别为 1820.33hm² 和 539.71hm²；存量期区域在天津港区、滨海休闲旅游区和南港工业区都有分布，面积分别为 2388.28hm²、2558.83hm² 和 5260.55hm²；消量期区域主要分布在天津港区和南港工业区，面积分别为 2553.70hm² 和 2786.69hm²，滨海休闲旅游区仅有 262.19hm²。

围填海造地各生命周期不同持续时间的区域面积分析见表 2-9。在围填海消量期区域中，2010 年消化的围填海区域面积最大，为 1102.18hm²，占到消量期面积

栅格值							
4	684	1203	2101	4961	16601	21500	28302
5	703	1204	2102	5001	16604	24000	28600
6	720	1206	2103	5203	16900	24002	28601
7	721	1221	2121	5504	16903	24003	28900
8	740	1241	2122	5800	17200	24004	32000
10	900	1260	2400	5801	17201	24303	32001
304	901	1263	2401	6101	17202	24322	32002
305	907	1500	2402	6102	20000	24340	32021
306	964	1501	2700	8601	20600	24341	32300
308	980	1502	2701	9202	20602	24600	32301
309	981	1503	2720	10101	20621	24601	32600
404	982	1504	3000	12304	20622	24602	36000
422	983	1560	4402	12305	20900	24900	36001
441	1000	1801	4403	13220	20901	24901	36300
442	1001	1802	4607	13500	20902	25200	40000
605	1020	1803	4702	13800	20920	28001	
606	1021	1823	4903	16003	20921	28003	
	1200	1842	4942	16302	21200	28300	
	1201	2100	4943	16304	21220	28301	

图 2-10 天津滨海新区围填海造地生命周期分布图

4000 的整数倍为消量期；300 的整数倍为存量期；20 的整数倍为沉降期；1 的整数倍为增量期，倍数为各阶段持续年数。例如，36300 为消量期 9 年加存量期 1 年的 19.67%；2006 年消化的围填海区域为 1084.64hm²，占到消量期面积的 19.36%；2008 年消化的围填海区域为 1070.43hm²，占到消量期面积的 19.11%；2011 年消化的围填海区域为 677.42hm²，占到消量期面积的 12.09%；之后依次为 2009 年，9.68%；2015 年，7.80%；2012 年，7.72%；2007 年，2.29%；2013 年，1.93% 和 2014 年，0.36%。在围填海存量期区域中，持续 8 年的存量期面积最大，占到存量期面积的 28.06%；其次是持续 5 年的存量期区域，占到存量期面积的 21.34%；再次为持续 1 年的存量期区域，占到存量期面积的 12.41%；之后依次为持续 7 年，10.88%；持续 4 年，7.81%；持续 3 年，4.90%；持续 6 年，4.67%；持续 2 年，4.44%；持续 10 年，3.53%；持续 9 年，1.95%。在增量期区域中，主要为持续 7 年和持续 5 年的区域，面积分别为 1247.97hm² 和 1227.37hm²。

表 2-9　天津滨海新区围填海造地各生命周期不同持续时间的区域面积（单位：hm²）

阶段	持续时间/年									
	1	2	3	4	5	6	7	8	9	10
增量期 T_m	0	0	0	143.32	1227.37	0.14	1247.97	91.25	0	99.72
沉降期 T_n	0	0	—	—	—	—	—	—	—	—
存量期 T_p	1748.63	625.98	690.09	1100.98	3005.90	658.25	1532.99	3952.43	274.81	497.68
消量期 T_q	436.74	20.03	107.89	432.69	677.42	1102.21	542.55	1070.45	128.00	1084.64

（三）围填海开发存量指数

图 2-11 为天津滨海新区围填海开发存量指数区域分布图，天津滨海新区总区域围填海开发存量指数为 3.76，但在区域内部存在较为明显的差异。滨海休闲旅游区围填海开发存量指数最大，达到 4.69，说明滨海休闲旅游区围填海开发利用

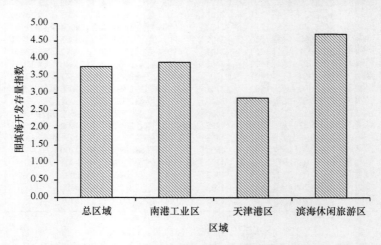

图 2-11　天津滨海新区围填海开发存量指数区域分布图

程度较低，处于存量期的区域面积较大，且持续时间也较长；该区域存量期面积占该区域围填海造地总面积的 69.79%，其中存量期持续 7 年的区域面积占 17.48%，持续 5 年的区域面积占 16.37%。南港工业区围填海开发存量指数次之，为 3.89。因为南港工业区消量期区域面积仅占 21.87%，而存量期区域面积比例达到 50.39%，其中持续 8 年的存量期区域面积为 2697.45hm²，占该区域围填海造地总面积的 21.17%。天津港区围填海开发存量指数最小，为 2.86，说明天津港区围填海开发利用程度较高；该区域消量期区域面积达到 44.62%，存量期区域面积为 45.95%，而增量期和沉降期面积极少。

本 章 小 结

　　围填海是我国近年来海域使用的主要方式之一，也是海域使用动态监管工作的重点领域。为了丰富围填海遥感监测与评估技术方法体系，提升围填海遥感监测与评估成果的精细化水平，更好地将围填海遥感监测与评估成果服务于海域使用管理工作，本章基于高空间分辨率遥感影像，分别探索建立了围填海造地工程施工过程遥感监测与评估方法、围填海区域开发利用遥感监测与评估方法、基于生命周期的围填海全过程遥感监测与评估方法三套围填海遥感监测与评估技术方法体系，并分别选取典型案例进行了实践应用研究。本章所述的围填海遥感监测与评估技术方法可为围填海工程施工过程、围填海区域开发利用、围填海全过程遥感监测与评估工作提供技术参考。

第三章

区域建设用海规划空间格局遥感监测与评估

第一节　人工岛式区域建设用海规划遥感监测与评估

区域建设用海规划是对同一区域内集中连片建设开发的围填海项目进行整体规划、统一论证、统一监管的一种海域使用管理模式。区域建设用海规划遥感监测与评估，是海域使用动态监测的主要工作内容，也是区域建设用海规划事中事后监管的重要手段和方法。区域建设用海规划空间格局遥感监测与评估，主要利用遥感影像从空间上监测区域建设用海规划实施的平面形状，计算分析区域建设用海规划平面布局的主要控制指标，并与区域建设用海规划海域使用论证报告中的平面设计方案作对比，分析各个控制指标的落实情况。人工岛式区域建设用海规划是指将区域建设用海规划范围内的围填海平面形状设计成与大陆海岸线分离的人工岛屿形式。人工岛式区域建设用海规划多出现在旅游休闲娱乐类用海区域，其遥感监测与评估关注的重点包括：①海域资源集约/节约利用；②人工岛距离大陆海岸线远近；③人工岛规模；④人工岛空间形状。

一、人工岛式区域建设用海规划遥感监测方法

由于区域建设用海规划范围多在 20 000hm² 以内的局部海域，而且需要监测详细的围填海平面形状，因此对遥感影像的空间分辨率要求较高，一般要优于10.0m。尽量采用空间分辨率较高的 Spot-5 卫星遥感影像、高分系列卫星遥感影像、资源系列卫星遥感影像等。如果需要制作高清区域建设用海规划专题图件，可采用无人机遥感影像。高空间分辨率遥感影像需要精确的几何校正，一般采用实测地面控制点进行几何精校正，地面控制点数量每景不少于 16 个。几何精校正后的卫星遥感影像可作为基准影像，用以配准其他年份获取的卫星遥感影像，配准精度控制在 1 个像元以内（李晓明等，2006）。

人工岛式区域建设用海规划实施情况遥感监测，实际上就是人工岛围填海的遥感监测，其监测内容包括人工岛空间形态、人工岛距离大陆海岸线远近、人工岛海岸线形态及临岸区域面积，以及亲海岸线、人工岛上绿地（湿地）等生态空间斑块类型及其面积等。因此，人工岛式区域建设用海规划实施情况遥感监测方法大体上可以归纳为三类。第一类是人工岛空间形态的识别与信息提取，可采用监督分类法、非监督分类法、人工目视判读勾绘法等直接从遥感影像中提取人工岛围填海的海岸线（谢伟军等，2014）。由于人工岛海岸线多采用斜坡式人工护岸

堤坝，从遥感影像中提取人工岛海岸线时，应尽量提取坡顶线。如果遥感影像获取时刻正处于高潮位，大潮高潮线与坡顶线在一个像元的平面直线距离内，则可直接采用大潮时刻的水边线作为人工岛的海岸线。人工岛海岸线闭合后转拓扑就可形成人工岛围填海面积。采用人工岛海岸线做缓冲区分析，提取人工岛上的缓冲区就可以计算临岸区域面积。第二类是人工岛内部绿地、湿地、水面等生态空间斑块的识别和信息提取，可采用监督分类法、人工目视判读勾绘法等直接勾绘出人工岛上的绿地、湿地、水面斑块（陶丽华等，2001；曹宝等，2006）。第三类是人工岛与大陆海岸线的距离测量，可在地理信息系统软件中采用距离尺测量人工岛与大陆海岸线之间最短的直线距离。

二、人工岛式区域建设用海规划评估方法

人工岛式区域建设用海规划评估指标包括人工岛空间形状、人工岛距离大陆海岸线远近、人工岛亲海岸线营造程度、人工岛临岸规模、人工岛生态空间落实程度等方面。

（1）人工岛空间形状

为了定量描述遥感影像监测的人工岛空间形状，采用人工岛形状指数来表征人工岛空间形状的复杂程度。人工岛形状指数为人工岛海岸线总长度与人工岛总面积的比值，计算方法如下：

$$LSI = \frac{0.25E}{\sqrt{A}} \tag{3-1}$$

式中，LSI 为人工岛形状指数，E 为人工岛海岸线总长度，A 为人工岛总面积。当人工岛形状指数 LSI<1 时，表示人工岛平面形状接近于圆形，人工岛海岸线较短，临海区域较小；当人工岛形状指数 LSI=1 时，表示人工岛平面形状呈正方形，人工岛海岸线增长，临海区域增大；当人工岛形状指数 LSI>1 时，表示人工岛平面形状不规则或偏离正方形，而且 LSI 值越大，人工岛平面形状越复杂，人工岛海岸线越长，临海区域越大。

（2）人工岛距离大陆海岸线远近

人工岛距离大陆海岸线的远近是表征人工岛对海岸生态环境影响的一个重要指标。一般人工岛距离大陆海岸线越远，对海岸生态环境的影响越小；反之，人工岛距离大陆海岸线越近，其建设对海岸生态环境的影响越大。尤其是过于靠近海岸线的人工岛，会因水动力不畅、泥沙长期淤积而最终与大陆连为一体，改变人工岛的设计初衷。为了定量描述遥感影像监测到的人工岛距离大陆海岸线的远

近，采用人工岛离岸指数来表征人工岛距离大陆海岸线的最短距离。人工岛离岸指数计算方法如下：

$$L = H_i \qquad (3-2)$$

式中，L 为人工岛离岸指数，H_i 为人工岛距离大陆海岸线的最短距离，单位为 m。

（3）人工岛临岸规模

为了定量描述人工岛临近海岸线区域的面积占人工岛整体面积的比例情况，控制因人工岛建设规模过大而产生的海洋生态环境累积影响，同时提高人工岛建设形成土地的临岸效果，减少大面积、大片块的人工岛建设给海洋生态环境过程带来的巨大影响，采用临岸区域指数来描述遥感影像监测的人工岛临近海岸线区域面积比例的大小。临岸区域指数为人工岛海岸线 500m 范围内的岛上土地面积与人工岛建设形成土地总面积的比值，计算方法如下：

$$A_c = \frac{S_{500}}{S_0} \qquad (3-3)$$

式中，A_c 为临岸区域指数，S_0 为人工岛建设形成土地总面积（hm^2），S_{500} 为人工岛海岸线 500m 范围内的岛上土地面积（hm^2）。

（4）人工岛亲海岸线营造程度

为了定量描述人工岛建设对社会公众亲海、亲水环境的营造程度，促进人工岛建设满足社会公众日益增长的亲海、亲水需求，采用亲海岸线指数来描述遥感影像监测的人工岛亲海岸线营造情况。亲海岸线指数为人工岛建设区域新增社会公众亲海岸线长度与人工岛建设形成海岸线总长度的比值，计算方法如下：

$$C_z = \frac{L_p}{L_t} \qquad (3-4)$$

式中，C_z 为亲海岸线指数，L_p 为人工岛区域内新增社会公众亲海岸线长度，这里的社会公众亲海岸线是指具有沙滩、旅游景观，社会公众可以自由下海娱乐的海岸线，L_t 为人工岛建设形成海岸线总长度。

（5）人工岛生态空间落实程度

为了定量描述人工岛建设区域绿地、湿地、水系等生态空间落实情况，维护新建人工岛区域的生态平衡和整体生态景观效果，采用生态空间面积比率来描述遥感影像监测的人工岛建设区域绿地、湿地等生态空间落实程度。生态空间面积比率为人工岛陆地区域生态空间面积占人工岛陆地总面积的比例，计算方法如下：

$$EL = \frac{\sum_{i=1}^{n} a_i}{S} \tag{3-5}$$

式中，EL 为生态空间面积比率，S 为人工岛陆地总面积，a_i 为第 i 个生态空间斑块面积，n 为生态空间斑块总数量。这里的生态空间包括人工岛陆地区域的各类绿地、湿地、水系、淡水等。

（6）人工岛式区域建设用海规划综合评估模型

人工岛式区域建设用海规划综合评估模型如下：

$$M_i = \sum_{i=1}^{5} W_i \times F_i \tag{3-6}$$

式中，M_i 为人工岛式区域建设用海规划综合评估指数，W_i 为第 i 个指标的权重，F_i 为第 i 个指标的标准化值。根据以上 5 个评估指标的重要程度，通过咨询相关专家，确定 5 个评估指标的标准化值及权重（表 3-1）。

表 3-1 人工岛式区域建设用海空间格局评估指标标准化方法与权重

标准化赋值 评估指标	0.20 （Ⅰ级）	0.40 （Ⅱ级）	0.60 （Ⅲ级）	0.80 （Ⅳ级）	1.00 （Ⅴ级）	权重
人工岛形状指数	≤1.00	1.0～1.20	1.20～1.50	1.50～2.00	≥2.00	0.218
人工岛离岸指数	≤200.00m	200.00～500.00 m	500.00～1000.00 m	1000.00～2000.00 m	≥2000.00 m	0.196
亲海岸线指数	≤0.10	0.10～0.20	0.20～0.30	0.30～0.50	≥0.50	0.189
临岸区域指数	≤0.20	0.20～0.40	0.40～0.80	0.60～0.80	≥0.80	0.213
生态空间面积比率	≤0.01	0.01～0.05	0.05～0.10	0.10～0.15	≥0.15	0.184

三、海南海花岛区域建设用海规划遥感监测与评估实践应用

（一）海南海花岛区域建设用海规划概况

海南海花岛区域建设用海规划位于海南省儋州市洋浦湾海域，规划用海总面积为 787.07hm²，其中填海造地建设人工岛 783.00hm²、透水构筑物跨海桥梁用海 4.07hm²。规划区由 3 个离岸式人工岛组成，人工岛之间及人工岛与大陆海岸之间通过桥梁连接。规划的主要用途为打造集热带海岛风情旅游度假区、欢乐世界海洋公园、国际会议度假中心、中国综合体育基地、生态休闲公园、超五星级酒店、国际运动竞技中心等为一体的高端综合文化旅游项目。

（二）海南海花岛区域建设用海规划遥感监测

收集海南海花岛区域建设用海规划实施后于 2017 年 5 月采集的 GF-1 卫星遥

感影像，影像整体质量较好，能够完全覆盖区域建设用海规划范围。采用本节所述的人工岛式区域建设用海规划遥感监测方法，提取海南海花岛区域建设用海规划实施后的专题矢量数据，作为海花岛区域建设用海规划评估的基础数据，并制作海南海花岛区域建设用海规划遥感监测专题图，见图3-1。

图 3-1　海南海花岛区域建设用海规划遥感监测专题示意图

（三）海南海花岛区域建设用海规划评估

利用本节所述的人工岛式区域建设用海规划评估指标与评估方法对海南海花岛区域建设用海规划进行单指标评估和综合评估如下。

（1）人工岛空间形状评估

海南海花岛区域建设用海规划实施后，花朵形状的人工岛有 5 个，中间为花蕊人工岛，面积为 396.91hm^2；左边为一个花瓣人工岛，面积为 177.74hm^2；右边为另一个花瓣人工岛，面积为 220.71hm^2，在这个花瓣人工岛的西北方向有两个小花瓣人工岛，面积分别为 14.35hm^2、13.32hm^2。以上人工岛总面积为 823.03hm^2，人工岛海岸线总长度为 38 683.38m，人工岛形状指数为 3.37，处于人工岛形状指数 V 等级（≥2.00），人工岛空间形状极为复杂，海岸线得到了较大程度延伸，标准化赋值为 1.00。

（2）人工岛距离大陆海岸线远近评估

海南海花岛区域建设用海规划实施后，3 个主要人工岛中，花蕊人工岛距离大陆海岸线最短长度为 460.0m，左边花瓣人工岛距离大陆海岸线最短长度为 480.0m，右边花瓣人工岛距离大陆海岸线最短长度为 462.0m，以上 3 个人工岛中距离大陆海岸线最短的为中间花蕊人工岛，距离大陆海岸线最短长度为 460.0m，人工岛离岸指数为 460.0 m，处于人工岛离岸指数 II 等级（200.00~500.00m），人工岛距离海岸较近，人工岛特征明显，标准化赋值为 0.40。

（3）人工岛亲海岸线评估

海南海花岛区域建设用海规划实施后，形成人工海岸线 38.68km，其中公众亲海旅游、休闲观光海岸线 35.90km，亲海岸线指数为 0.93，处于亲海岸线指数 V 等级（≥0.50），人工岛建设亲海岸线极长，亲海岸线占人工岛建设形成岸线总长度的比例很高，标准化赋值为 1.00。

（4）人工岛临岸区域评估

海南海花岛区域建设用海规划实施后，人工岛海岸线 500m 范围内区域面积为 798.76hm²，人工岛建设形成土地总面积为 823.06hm²，人工岛的临岸区域指数为 0.97，处于临岸区域指数 V 等级（≥0.80），标准化赋值为 1.00。

（5）人工岛生态空间评估

海南海花岛区域建设用海规划实施后，目前正在开发建设阶段，尚未开始绿地和湿地建设，人工岛范围内生态空间面积为 0，占人工岛总面积的 0%，生态空间面积比率为 0，处于生态空间比率 I 等级（≤0.01），生态空间营造很少，生态空间景观极单调，标准化赋值为 0.20。

（6）人工岛式区域建设用海规划综合评估

利用本节建立的人工岛式区域建设用海规划评估方法对海南海花岛区域建设用海规划实施情况进行综合评估（表 3-2）。

表 3-2 海南海花岛区域建设用海规划综合评估

评估指标	评估值	标准化赋值	等级	权重
人工岛离岸指数	460.00 m	0.40	II	0.196
人工岛形状指数	3.37	1.00	V	0.218
亲海岸线指数	0.93	1.00	V	0.189
临岸区域指数	0.90	1.00	V	0.213
生态空间面积比率	0	0.20	I	0.184
综合评估		0.735		

从表 3-2 可以看出，海南海花岛区域建设用海规划实施的综合评估值为
$M = \sum_{i=1}^{5} W_i \times F_i$=0.40×0.196+1.00×0.218+1.00×0.189+1.00×0.213+0.20×0.184=0.735，
综合评估分值较高。

第二节　顺岸突堤式区域建设用海规划遥感监测与评估

顺岸突堤式区域建设用海规划是区域建设用海规划中的围填海平面形态为沿海岸线直接围填呈片状或单突堤状（多突堤状）的平面布局方式。当前，我国多数围填海平面形状都是沿海岸线直接围填的顺岸突堤式，港区码头类区域建设用海规划是典型的顺岸突堤式围填海平面形态。顺岸突堤式区域建设用海规划是占用海岸线长度和滨海湿地面积较大的一种围填海平面设计方式，遥感监测和评估的重点是：①海域资源集约/节约利用；②海岸线长度改变；③临岸区域面积；④自然海岸线节约利用；⑤水域景观落实。

一、顺岸突堤式区域建设用海规划遥感监测方法

顺岸突堤式区域建设用海规划的空间范围与人工岛式区域建设用海规划类似，都是局部海域范围，监测要求也是要详细反映顺岸突堤式区域建设用海规划实施后围填海平面的形态特征。海岸线长度变化和自然海岸线节约利用监测需要收集区域建设用海规划实施前覆盖规划全区域的高空间分辨率遥感影像，其他对遥感影像的要求可参照人工岛式区域建设用海规划遥感监测方法。

顺岸突堤式区域建设用海规划实施情况遥感监测的主要内容包括顺岸突堤式围填海占用海岸线类型及其长度，围填海形成海岸线长度，围填海形成深水海岸线长度，临岸区域面积，围填海区域绿地、湿地等生态空间斑块类型及其面积等。围填海占用海岸线类型及其长度监测采用区域建设用海规划实施前采集的高空间分辨率遥感影像，利用遥感影像提取围填海实施前的海岸线类型与状态，即围填海实施前该岸段自然海岸线、人工海岸线的长度与分布。围填海形成海岸线长度监测采用区域建设用海规划实施后采集的高空间分辨率遥感影像，应用差值法、比值法、植被指数法、主成分分析法、人工目视判读勾绘法等直接从遥感影像上勾绘出围填海的海岸线（Sagheer et al.，2011；Schuerch et al.，2012）。对于斜坡式人工护岸堤坝，应尽量选取高潮位时刻采集的遥感影像，提取海岸线时应提取坡顶线。当大潮高潮线与坡顶线在一个像元的平面直线距离内，则可直接采用大潮时刻的水边线作为海岸线。对于直立式港口码头等深水海岸线，可直接提取遥感影像上的水边线作为海岸线。对区域建设用海规划实施前采集的遥感影像提取围填海占用海岸线，对区域建设用海规划实施后采集的遥感影像提取围填海新形

成海岸线，二者闭合后转拓扑生成的面状区域就是围填海区域，统计计算围填海面积（高志强等，2014）。

二、顺岸突堤式区域建设用海规划评估方法

顺岸突堤式区域建设用海规划主要评估指标包括围填海空间强度、海岸线长度改变情况、自然海岸线节约利用情况、深水海岸线比例、临岸区域面积和水域景观落实程度等。

（1）围填海空间强度

为了定量描述围填海海域资源的集约利用强度，反映围填海占用海岸线上承载的围填海规模，采用遥感影像监测的围填海面积与遥感影像监测的围填海占用海岸线长度的比值来描述围填海空间强度，即围填海强度指数。围填海强度指数为单位海岸线长度（km）上承载的围填海面积（hm²），计算公式为

$$I = \frac{S}{L} \tag{3-7}$$

式中，I 为围填海强度指数，S 为围填海总面积（hm²），即围填海工程实施前遥感影像监测的海岸线与围填海工程实施后监测的海岸线闭合区域的面积，L 为围填海占用海岸线的长度（km），即围填海图斑占用围填海工程实施前遥感影像监测的海岸线长度。

（2）海岸线长度改变情况

为了定量描述围填海对海岸线长度的改变情况，将区域建设用海规划实施前采集的遥感影像提取的海岸线与区域建设用海规划实施后采集的遥感影像提取的海岸线进行空间叠加，分析计算围填海占用的海岸线长度和围填海新形成的海岸线长度，二者之比就可反映海岸线长度的改变情况，即海岸线冗亏指数。海岸线冗亏指数为围填海新形成人工海岸线长度与围填海占用原有海岸线长度的比值，计算公式为

$$R = \frac{L_n}{L_0} \tag{3-8}$$

式中，R 为海岸线冗亏指数，L_n 为围填海新形成人工海岸线长度（km），L_0 为围填海占用原有海岸线长度（km）。$R>1.0$，说明海岸线冗余，即海岸线长度变长；$R<1.0$，说明海岸线亏损，即海岸线长度变短；$R=1.0$，说明海岸线长度不变，即海岸线既没变长，也没变短。

（3）自然海岸线节约利用情况

为了定量描述围填海对珍稀自然海岸线资源的占用，保护有限的自然海岸线资源，提高自然海岸线的利用效率，将区域建设用海规划实施前采集的遥感影像监测的自然海岸线与区域建设用海规划实施后采集的遥感影像监测的围填海斑块叠加，分析围填海占用的自然海岸线位置与长度。采用自然海岸线节约利用率来表征围填海对自然海岸线的节约利用情况。自然海岸线节约利用率为单位自然海岸线长度（km）承载的围填海面积（hm²），计算公式如下：

$$U_n = \frac{S_0}{L_n} \tag{3-9}$$

式中，U_n 为自然海岸线节约利用率，S_0 为围填海总面积（hm²），L_n 为围填海占用自然海岸线的长度（km）。

（4）临岸区域面积

临岸区域面积采用临岸区域指数表示，临岸区域指数计算方法见人工岛式区域建设用海规划评估方法。

（5）深水海岸线比例

针对港口码头类顺岸突堤式围填海平面形态评估需要，设置深水海岸线比例。深水海岸线比例为遥感影像监测的区域建设用海规划实施围填海形成的直立式深水海岸线长度占围填海形成人工海岸线总长度的比例，计算方法如下：

$$SC = \frac{\sum_{i=1}^{n} l_i}{L_0} \tag{3-10}$$

式中，SC 为深水海岸线比例，L_0 为区域建设用海规划实施围填海形成人工海岸线总长度，l_i 为第 i 段直立式深水海岸线长度，n 为直立式深水海岸线总段数。

（6）水域景观落实程度

为了定量描述顺岸突堤式区域建设用海规划实施对水域景观的落实程度，增强围填海区域的亲水、临岸效果，采用水域景观指数来表征区域建设用海规划范围内水域景观落实程度。水域景观指数为遥感影像监测到的区域建设用海规划范围内水域面积占区域建设用海规划总面积的比例，计算公式如下：

$$A_w = \frac{S_w}{S_0} \tag{3-11}$$

式中，A_w 为水域景观指数，S_0 为区域建设用海规划总面积（hm²），S_w 为区域建设用海规划范围内的水域面积（hm²）。

（7）顺岸突堤式区域建设用海规划综合评估

顺岸突堤式区域建设用海规划综合评估模型如下：

$$M_{\mathrm{b}} = \sum_{i=1}^{6} W_i \times F_i \qquad (3\text{-}12)$$

式中，M_{b} 为顺岸突堤式区域建设用海规划综合评估指数，W_i 为第 i 个指标的权重，F_i 为第 i 个指标的标准化值。根据以上 6 个评估指标的重要程度，咨询相关专家，确定 6 个评估指标的标准化值及权重（表 3-3）。

表 3-3　顺岸突堤式区域建设用海规划评估指标标准化方法与权重

标准化赋值 / 评估指标	0.20（Ⅰ级）	0.40（Ⅱ级）	0.60（Ⅲ级）	0.80（Ⅳ级）	1.00（Ⅴ级）	权重
围填海强度指数	≤50.00hm²/km	50.00～100.00hm²/km	100.00～200.00 hm²/km	200.00～300.00 hm²/km	≥300.00 hm²/km	0.198
海岸线冗亏指数	≤1.00	1.00～1.50	1.50～2.00	2.00～3.00	≥3.00	0.189
自然海岸线节约利用率	≤100.00hm²/km	100.00～200.00 hm²/km	200.00～300.00 hm²/km	300.00～400.00 hm²/km	≥400.00hm²/km 或 0 hm²/km	0.161
临岸区域指数	≤0.25	0.25～0.45	0.45～0.65	0.65～0.85	≥0.85	0.153
水域景观指数	≤0.05	0.05～0.15	0.15～0.25	0.25～0.35	≥0.35	0.129
深水海岸线比例	≤0.15	0.15～0.35	0.35～0.55	0.55～0.75	≥0.75	0.170

三、连云港海滨新区顺岸突堤式区域建设用海规划遥感监测与评估实践应用

（一）连云港海滨新区域建设用海规划概况

连云港市海滨新区域建设用海总体规划是 2006 年由江苏省连云港市人民政府编制的，是我国获批最早的区域建设用海规划之一。其规划用海范围的地理位置为 39°44′N～39°48′N，119°20′E～119°30′E，位于连云港海州区北部的滩涂、浅海区域，规划用海面积约为 2066hm²，其中填海造地面积为 1447hm²，水域面积约为 619hm²，占用海岸线 13.16km，新形成人工海岸线 9.0km。

（二）连云港海滨新城区域建设用海规划实施情况遥感监测

收集连云港海滨新城区域建设用海规划实施前于 2005 年采集的 Spot-5 卫星遥感影像和规划实施后于 2010 年采集的资源三号（ZY-3）卫星遥感影像。采用本节所述的顺岸突堤式区域建设用海规划遥感监测方法，提取连云港海滨新城区域建设用海规划实施后的围填海专题矢量数据，作为连云港海滨新城顺岸突堤式区域建设用海规划评估的基础数据，并制作连云港海滨新城区域建设用海规划遥感监测专题图，见图 3-2。

图 3-2　连云港海滨新城区域建设用海规划遥感监测专题示意图

（三）连云港海滨新城区域建设用海规划评估

利用本节所述的顺岸突堤式区域建设用海规划评估指标与评估方法对连云港海滨新城区域建设用海规划进行单指标评估和综合评估如下。

（1）围填海空间强度

连云港海滨新城区域建设用海总体围填海面积为 1504.54hm²，占用现有人工海岸线 13.16km，围填海强度指数为 114.33hm²/km，处于 100～200hm²/km，属于 Ⅲ 等级围填海强度标准，其围填海强度中等，应加强围填海形成土地的集约/节约利用，它的标准化赋值为 0.60。

（2）海岸线长度改变情况

连云港海滨新城区域建设用海围填海占用现有人工海岸线 13.16km，新形成人工海岸线 9.00km，海岸线冗亏指数为 0.68，小于 1.0，属于 Ⅰ 等级，其海岸线亏缺度较高，海岸线集约/节约利用较差，它的标准化赋值为 0.20。

（3）自然海岸线节约利用情况

连云港海滨新城区域建设用海总体围填海面积为 1504.54hm²，围填海所处岸段全部为人工海岸线，没有占用自然海岸线，围填海自然海岸线节约利用率为 0hm²/km，属于 V 等级，它的标准化赋值为 1.0。

（4）临岸区域面积

连云港海滨新区区域建设用海规划总体围填海面积为 1504.54hm²，海岸线 500m 范围内的临岸土地面积为 685.26hm²，占区域建设用海规划围填海总面积的 45.55%，临岸区域指数为 0.46，处于 0.45～0.65，属于III等级，它的标准化赋值为 0.60。

（5）深水海岸线比例

连云港海滨新城区域建设用海总体规划为顺岸直推式，为海滨城镇区域建设用海规划，没有港口码头深水海岸线，深水海岸线比例为 0。小于 0.15，属于 I 等级，它的标准化赋值为 0.20。

（6）水域景观落实程度

连云港海滨新城区域建设用海总体规划用海面积为 2066hm²，水域面积为 619hm²，水域景观指数为 0.30，处于水域景观指数IV等级（0.25～0.35），水域预留面积很充足，亲海水域很丰富，它的标准化赋值为 0.80。

（7）顺岸突堤式区域建设用海规划综合评估

利用本节建立的顺岸突堤式区域建设用海规划评估方法对连云港海滨新区域建设用海规划实施情况进行综合评估（表3-4）。

表3-4　连云港海滨新区域建设用海规划综合评估

评估指标	评估值	标准化赋值	等级	权重
围填海强度指数	114.33hm²/km	0.60	III	0.198
海岸线冗亏指数	0.68	0.20	I	0.189
自然海岸线节约利用率	0hm²/km	1.00	V	0.161
临岸区域指数	0.46	0.60	III	0.153
深水海岸线比例	0	0.20	I	0.170
水域景观指数	0.30	0.80	IV	0.129
综合评估	0.547			

从表3-4可以看出，连云港海滨新城区域建设用海规划实施的综合评估值为

$$M = \sum_{i=1}^{6} W_i \times F_i = 0.60 \times 0.198 + 0.20 \times 0.189 + 1.00 \times 0.161 + 0.60 \times 0.153 + 0.20 \times 0.170 + 0.80 \times$$

0.129=0.547，综合评估为中等分值。

第三节　区块组团式区域建设用海规划遥感监测与评估

　　区块组团式区域建设用海规划是一种区域建设用海规划的围填海平面形态为多区块组团形式，即围填海平面形态既包括人工岛，也包括顺岸突堤，形成不同功能区组团布局的围填海平面形式。区块组团式区域建设用海规划多适用于工业与城镇类建设用海区域，其遥感监测与评估关注的重点包括：①人工岛面积比例；②海洋廊道落实；③临岸区域面积；④围填海空间强度；⑤海岸线长度改变；⑥亲海岸线营造；⑦生态空间落实；⑧自然海岸线节约利用。

一、区块组团式区域建设用海规划遥感监测方法

　　区块组团式区域建设用海规划的空间范围也是局部海域，监测也要求详细反映区块组团式区域建设用海规划的内部特征，包括人工岛空间形状、人工岛距离大陆海岸线远近、人工岛群的空间组合及其相互之间的水道宽度，顺岸突堤式围填海形成人工海岸线的长度、占用海岸线的类型及其长度，以及区块组团式围填海形成土地上的生态空间斑块数量、面积及空间分布等。由于区块组团式区域建设用海规划中既包括人工岛，又包括顺岸突堤，因此遥感监测既要参照人工岛式区域建设用海规划遥感监测方法，也要参照顺岸突堤式区域建设用海规划遥感监测方法。区块组团式区域建设用海规划实施后的水域景观面积为区域建设用海规划界址范围内遥感影像监测的与外海连通的水域空间斑块面积之和。

二、区块组团式区域建设用海规划评估方法

（一）人工岛面积比例

　　为了衡量区块组团式区域建设用海规划实施后人工岛实际落实面积占规划范围内围填海总体面积的比例情况，促进区域建设用海规划向组团离岸式发展，减少围填海对海岸生态环境的影响，采用人工岛指数表征人工岛占区域围填海总面积的比例，人工岛指数为遥感影像监测的人工岛面积占遥感影像监测的区域建设用海规划围填海总面积的比例。人工岛指数计算公式如下：

$$A_i = \frac{S_i}{S_0} \tag{3-13}$$

式中，A_i 为人工岛指数，S_0 为遥感影像监测的区域建设用海规划围填海总面积（hm^2），S_i 为遥感影像监测的区域建设用海规划中的人工岛面积（hm^2）。

（二）海洋廊道落实情况

区块组团式区域建设用海规划中围填海平面形态被设计成人工岛（人工岛群）、顺岸突堤等多种功能组团，不同功能组团之间、同一功能组团内部各人工岛之间都会有海水流通的海洋廊道。为了定量描述区块组团式区域建设用海规划实施后的海洋廊道落实情况，尽量减少区域建设用海规划对海洋水动力过程和海洋生物洄游路径的阻滞，改善海洋水体交换过程，增加亲海岸线，促进区域建设用海规划向离岸式、岛群式发展，采用廊道指数表征区域建设用海规划对海洋环境过程的情况。廊道指数为遥感影像监测的区域建设用海规划内所有潮汐通道最窄处的宽度累加（m）。计算方法如下：

$$H_w = \sum_{i=1}^{n} W_{si} \qquad (3\text{-}14)$$

式中，H_w 为廊道指数，W_{si} 为遥感影像监测的区域建设用海规划中第 i 条潮汐通道最窄处的宽度（m），n 为潮汐通道总条数。

（三）围填海空间强度

为了定量描述区块组团式区域建设用海规划实施后单位海岸线上承载的围填海规模，反映区块组团式区域建设用海规划的围填海空间聚集程度，采用围填海强度指数描述区域建设用海规划范围内一定围填岸段的围填海规模。围填海强度指数计算方法见顺岸突堤式区域建设用海规划评估方法。

（四）海岸线长度改变情况

为了定量描述区块组团式区域建设用海规划实施对海岸线长度的改变情况，采用区域建设用海规划实施前采集的遥感影像监测海岸线长度与区域建设用海规划实施后采集的遥感影像监测海岸线长度的比值反映区块组团式区域建设用海规划实施对海岸线长度的改变情况，即海岸线冗亏指数。海岸线冗亏指数计算方法见顺岸突堤式区域建设用海规划评估方法。

（五）亲海岸线营造情况

为了定量描述区块组团式区域建设用海规划实施对人民群众亲海、亲水环境的营造程度，促进区块组团式区域建设用海规划尽量营造亲海、亲水海岸线，采用亲海岸线指数描述区块组团式区域建设用海规划实施对亲海岸线的营造程度。这里的亲海岸线主要指可以游泳、嬉水的海岸沙滩。亲海岸线指数为遥感影像监测的区域建设用海规划范围内新营造的亲海岸线长度与围填海形成海岸线总长度的比值，计算方法见人工岛式区域建设用海规划评估方法。

（六）自然海岸线节约利用程度

为了定量描述区块组团式区域建设用海规划实施对自然海岸线的节约利用程度，采用自然海岸线节约利用率进行评估。自然海岸线节约利用率计算方法见顺岸突堤式区域建设用海规划评估方法。

（七）水域景观落实程度

为了定量描述区块组团式区域建设用海规划实施对水域景观的落实程度，增强围填海区域的水域景观效果，采用水域景观指数进行描述。水域景观指数计算方法见顺岸突堤式区域建设用海规划评估方法。

（八）临岸区域面积

为了定量描述区块组团式区域建设用海规划实施的临岸区域面积，促进区域建设用海规划实施向突堤式、岛群化、组团式方向发展，采用临岸区域指数进行描述。临岸区域指数计算方法见人工岛式区域建设用海规划评估方法。

（九）人工岛空间形状

区块组团式区域建设用海规划中的人工岛空间形状采用人工岛形状指数进行描述。人工岛形状指数计算方法见人工岛式区域建设用海规划评估方法。

（十）生态空间落实程度

区块组团式区域建设用海规划实施的生态空间落实程度采用生态空间面积比率进行定量描述。生态空间面积比率计算方法见人工岛式区域建设用海规划评估方法。

（十一）区块组团式区域建设用海规划综合评估

区块组团式区域建设用海规划综合评估模型如下：

$$M_c = \sum_{i=1}^{8} W_i \times F_i \tag{3-15}$$

式中，M_c 为区块组团式区域建设用海规划综合评估指数，W_i 为第 i 个指标的权重，F_i 为第 i 个指标的标准化值。根据以上 10 个评估指标的重要程度，通过咨询相关专家，确定 10 个评估指标的权重见表 3-5。

表3-5　区块组团式区域建设用海规划评估指标标准化方法与权重

评估指标 ＼ 标准化赋值	0.20 （Ⅰ级）	0.40 （Ⅱ级）	0.60 （Ⅲ级）	0.80 （Ⅳ级）	1.00 （Ⅴ级）	权重
人工岛指数	≤0.20	0.20～0.40	0.40～0.60	0.60～0.80	≥0.80	0.116
廊道指数	≤200.00m	200.00～ 500.00m	500.00～ 1000.00m	1000.00～ 2000.00m	≥ 2000.00m	0.080
围填海强度指数	≤10.00 hm²/km	100.00～ 200.00 hm²/km	200.00～ 500.00 hm²/km	500.00～ 1000.00 hm²/km	≥1000.00 hm²/km	0.082
海岸线冗亏指数	≤2.00	2.00～3.00	3.00～4.00	4.00～5.00	≥5.00	0.108
自然海岸线 节约利用率	≤100.00 hm²/km	100.00～ 200.00 hm²/km	200.00～ 300.00 hm²/km	300.00～ 400.00hm²/km	≥400.00 hm²/km	0.112
人工岛形状指数	≤1.00	1.00～2.00	2.00～3.00	3.00～4.00	≥4.00	0.086
水域景观指数	≤0.05	0.05～0.15	0.15～0.25	0.25～0.35	≥0.35	0.098
亲海岸线指数	≤0.01	0.01～0.05	0.05～0.10	0.10～0.20	≥0.20	0.102
临岸区域指数	≤0.05	0.05～0.10	0.10～0.15	0.15～0.20	≥0.20	0.104
生态空间面积比率	≤0.01	0.01～0.05	0.05～0.10	0.10～0.15	≥0.15	0.112

三、盘锦辽滨区块组团式区域建设用海规遥感监测与评估实践应用

（一）盘锦辽滨区域建设用海规划概况

《盘锦辽滨沿海经济区区域建设用海总体规划》是于 2009 年由大洼县人民政府编制的。其规划用海范围的地理位置为 40°40′N～40°45′N，122°5′E～122°15′E，位于辽滨有雁沟至荣兴平建的滩涂、浅海，规划用海面积为 232.35km²，其中填海造地面积约为 201.12km²，水域面积为 31.23km²，占用海岸线 24.02km，新形成海岸线 99.07km。

（二）盘锦辽滨区域建设用海规划遥感监测

收集盘锦辽滨区域建设用海规划实施前于 2005 年采集的 Spot-5 卫星遥感影像和盘锦辽滨区域建设用海规划实施后于 2016 年采集的 GF-1 卫星遥感影像，并将其作为盘锦辽滨区域建设用海规划遥感监测的基本影像数据。采用本节所述的区块组团式区域建设用海规划遥感监测方法，提取盘锦辽滨区域建设用海规划实施后的专题矢量数据，制作遥感监测图（图 3-3）。

（三）盘锦辽滨区域建设用海规划评估

利用本节所述的区块组团式区域建设用海规划评估指标与评估方法对盘锦辽

图 3-3 盘锦辽滨区域建设用海规划遥感监测专题图

滨区域建设用海规划进行单指标评估和综合评估如下。

（1）人工岛面积占比评估

盘锦辽滨区块组团式区域建设用海规划实施的总体围填海面积为 11 532.82hm²，其中人工岛围填海面积为 1512.97hm²，人工岛指数为 0.131，小于 0.20，属于 I 等级，标准化赋值为 0.20。

（2）海洋廊道落实评估

盘锦辽滨区域建设用海规划充分体现离岸、多区块和曲线的设计思路，整个盘锦辽滨沿海经济区规划用海范围内形成了由纵横水体分割而成的，包括半岛、岛屿和突堤等多种填海平面形式的，区块组团式的填海空间形态。规划中设计的潮汐通道有盘锦新港与物流工业区之间的西南潮汐通道，物流工业区与石化工业区之间的西北潮汐通道，滨水生态住区、综合工业区与商业娱乐群岛之间的东北潮汐通道，海岛生态住区与商业娱乐群岛、滨水生态住区之间的内水潮汐通道等。以上潮汐通道最窄处的宽度之和在 1245.0m 以上，处于 1000.00～2000.00m，属于 IV 等级，标准化赋值为 0.80。

（3）围填海空间强度评估

盘锦辽滨区域建设用海规划实施的总体围填海面积为 11 532.82hm^2，占用现有人工海岸线 24.02km，围填海强度指数为 480.13hm^2/km，处于 200.00～500.00hm^2/km，属于Ⅲ等级，标准化赋值为 0.60。

（4）海岸线长度改变评估

盘锦辽滨区域建设用海规划实施占用现有人工海岸线 24.02km，新形成人工海岸线 99.07km，海岸线冗亏指数为 4.12，处于 4.0～5.0，属于Ⅳ等级，其海岸线冗余度较高，标准化赋值为 0.80。

（5）自然海岸线节约利用评估

盘锦辽滨区域建设用海规划实施所处岸段全部为人工海岸线，没有占用自然海岸线，自然海岸线节约利用评估取最高等级Ⅴ等级，标准化赋值为 1.0。

（6）人工岛空间形状评估

盘锦辽滨区块组团式区域建设用海规划实施后，形成人工岛 1512.97hm^2，人工岛形成人工海岸线长度为 31.18km，人工岛形状指数约为 2.00，处于 1.00～2.00，属于Ⅱ等级，人工岛形状简单，海岸线没有有效延伸，标准化赋值为 0.40。

（7）水域景观落实评估

盘锦辽滨区域建设用海规划总面积为 20 112.61hm^2，遥感影像监测的水域面积为 3123.00hm^2，水域景观指数为 0.155，处于 0.15～0.25，属于Ⅲ等级，水域景观较充足，标准化赋值为 0.60。

（8）亲海岸线营造程度评估

盘锦辽滨区域建设用海规划实施新营造的人工沙滩亲海人工海岸线长度为 3.65km，建设形成人工海岸线总长度为 99.07km，亲海岸线指数为 0.037，处于 0.01～0.05，属于Ⅱ等级，标准化赋值为 0.40。

（9）临岸区域评估

盘锦辽滨区域建设用海规划实施后，人工岛海岸线 500m 范围内区域面积为 1418.76hm^2，临岸区域指数为 0.071，处于 0.05～0.10 属于Ⅱ等级，标准化赋值为 0.40。

（10）生态空间落实评估

盘锦辽滨区块组团式区域建设用海规划实施后，大部分区域处于围填海存量资源状态，自然绿地占围填海区域的 30% 以上，生态空间面积比率为 0.34，大于 0.15，属于 V 等级，生态空间景观很丰富，标准化赋值为 1.00。

（11）综合评估

利用本节建立的区块组团式区域建设用海规划综合评估方法对盘锦辽滨区域建设用海总体规划的实施情况进行综合评估（表 3-6）。

表 3-6   盘锦辽滨区域建设用海规划实施情况综合评估

评估指标	评估值	标准化赋值	等级	权重
围填海强度指数	1097.27hm^2/km	0.60	III	0.082
海岸线冗亏指数	4.12	0.80	IV	0.108
亲海岸线指数	0.037	0.40	II	0.102
自然海岸线节约利用率	0 hm^2/km	1.0	V	0.112
水域景观指数	0.155	0.60	III	0.098
廊道指数	1245.0m	0.80	IV	0.080
人工岛指数	0.131	0.20	I	0.116
人工岛形状指数	2.00	0.40	II	0.086
临岸区域指数	0.071	0.40	II	0.104
生态空间面积比率	0.34	1.00	V	0.112
综合评估	0.76			

从表 3-6 可以看出，盘锦辽滨区块组团式区域建设用海规划实施的综合评估值

$$M = \sum_{i=1}^{10} W_i \times F_i = 0.60 \times 0.082 + 0.80 \times 0.108 + 0.40 \times 0.102 + 1.0 \times 0.112 + 0.60 \times 0.098 + 0.80 \times 0.080$$

$+0.20 \times 0.116 + 0.40 \times 0.086 + 0.40 \times 0.104 + 1.00 \times 0.112 = 0.622$，综合评估值处于中上等。

本 章 小 结

　　区域建设用海规划针对我国大规模围填海的集中分布区域，也是围填海监管的重点区域。区域建设用海规划遥感监测与评估是海域使用动态监测业务化工作的重要内容之一。本章将区域建设用海规划分为人工岛式、顺岸突堤式和区块组团式 3 种平面形态方式，并根据 3 种区域建设用海规划的平面形态特征，分别研究构建了人工岛式区域建设用海规划遥感监测与评估方法、顺岸突堤式区域建设用海规划遥感监测与评估方法、区块组团式区域建设用海规划遥感监测与评估方法。在监测与评估方法研究构建的基础上，分别针对每一种区域建设用海规划遥感监测与评估方法，选取典型案例进行了实践应用，以进一步检验监测与评估方法的适用性。以上区域建设用海规划遥感监测与评估方法及实践应用能够为海域使用动态监测工作中区域建设用海规划实施情况的遥感监测与评估提供技术参考。

第四章

港口码头区遥感监测与评估

第一节　港口用海遥感监测方法

随着全球经济一体化和内陆产业趋海化进程的不断推进，港口的功能已由原来的货物、旅客转运枢纽逐步向临海工业制造基地和商贸物流中心发展，成为许多城市发展外向型经济，实现贸易强市的重要基础性支撑平台。21 世纪以来，我国沿海港口规模快速发展，全国亿吨以上沿海港口已达 20 个，形成环渤海、长江三角洲、东南沿海、珠江三角洲、西南沿海五大港口群，构建了石油、煤炭、矿石、集装箱、粮食等五大专业化运输港口，基本建成了布局合理、层次分明、功能齐全、配套设施完善的现代化港口体系。全国港口用海规模超过 2000km²，港口码头岸线超过 600km，港口用海已成为我国最为主要的海域使用类型之一，是海域使用监管的重点工作领域。遥感技术，尤其是高空间分辨率遥感技术可以清晰地识别港口地物特征，反映港口用海结构与过程，是港口码头用海监测的重要技术手段。本节就港口码头用海的遥感监测技术方法进行梳理，为港口用海遥感监测提供技术参考。

一、港口的遥感影像特征

港口按照用途可以分为货运港、客运港、军港、油港、工业港、渔港、游艇港等。货运港主要供各类货船停靠、装卸货物、供应燃料和修理船舶等使用，货运港内部根据运输货物的种类又可以分为集装箱港、散货港、煤港、矿石港等。货运港的遥感影像上一般能看到码头后方面积较大的堆场，堆场内堆放的货物不同，其在遥感影像上的色彩和纹理也各不相同。集装箱港的堆场上整体排列着一排排集装箱，煤运港的后方堆场则存放着黑色的煤堆，矿石港的后方堆场存放着颜色不一的各类矿石堆。客运港主要供客轮、邮轮停靠，游客/旅客上下，补给物料等使用，客运港一般距离城市较近。在遥感影像上，客运港码头区域较大，后方没有堆场。油港是专门装卸原油或成品油的港口，一般距离城镇、其他港口和其他固定建筑物较远。在遥感影像上油港最明显的标志是，港口后方陆地区域有许多圆形的油库。渔港是用于渔船停泊、鱼货装卸、鱼货保鲜、冷藏加工、修补、给养的港口。渔港一般有天然或人工的放浪设施，加工和存储水产品的工厂等附属设施。在遥感影像上渔港的范围较小，港内停靠的渔船数量较多，单个渔船的规格较小。军港为专门供军舰停泊并取得给养的港口，通常有与停泊、补给等相关的设备和防御设施。根据港口的平面形状，港口可以分为环抱式港口、突堤式港口、内凹式港口等。环抱式港口是沿海岸线向海围填建设的，由码头堤坝和防波堤从两侧环抱港池的平面布局形港口，多建设于近岸水深足够的基岩海岸。突堤式港口是垂直于海岸线修建的透水或非透水栈桥，在栈桥顶端修建码头，港池为邻接码头的开放水域。突堤式港口多建设于近岸水深较浅的砂质或淤泥质海岸。内凹式港口多利用自然港湾疏浚建设而成，多布局于河口、海湾等隐蔽条件好的深水区域。各类港口的遥感影像特征见图 4-1。

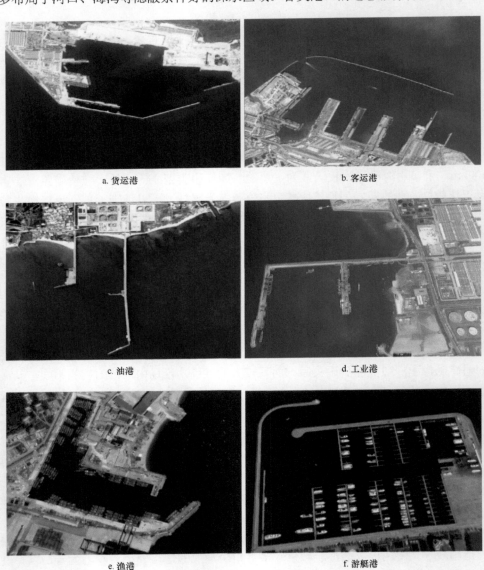

图 4-1   各类港口的遥感影像特征

二、港口码头用海遥感监测方法

由于不同空间形态码头的港池用海范围界定差异较大，为此本节对港池用海的遥感监测方法进行了如下详细分析和测定。①有防波堤的设施完备型港池用海。在 ArcGIS 支持下，采取人机交互识别的方法，勾绘出卫星遥感影像上全部的码头水边线，即内界址线；采用以上方法勾绘出遥感影像上的防波堤外侧堤坝基床外缘线，并直线连接口门处各防波堤外侧堤坝基床外缘线，作为外界址线。内界址线和外界址线闭合构成完整的港池用海界址区。②无防波堤的突堤式码头港池用海。采用上述方法，勾绘出遥感影像上的突堤式码头水边线，以突堤式码头水边线为基线，向两侧做 2 倍船长的缓冲区，缓冲区外缘线与突堤式码头水边线之间的水域为港池用海区域。③无防波堤的顺岸码头港池用海。采用上述方法，勾绘出遥感影像上的顺岸码头海岸水边线，即为海岸线，以水边线为基线，向海做 2 倍船长的缓冲区，缓冲区外缘线与顺岸码头水边线之间的水域即为港池用海区域。④"T"形码头港池用海。采用上述方法，勾绘出"T"形码头的水陆边界线，以向海侧水陆边界线为基线，向海做 2 倍船长的缓冲区，缓冲区外缘线与码头向海侧水陆边界线之间的水域为港池用海区域，"T"形码头长度若小于 2 倍船长，需要向两侧延长至 2 倍船长。⑤"L"形码头港池用海。采用上述方法，勾绘出遥感影像上"L"形码头的水陆边界线，以"L"形码头向陆地回折侧的水陆边界线为基线，做 2 倍船长的缓冲区，缓冲区外缘线与码头向陆回折侧水陆边界线之间的水域为港池用海区域。⑥"F"形码头港池用海。采用上述方法，勾绘出"F"形码头的水陆边界线。"F"形码头的港池用海可分为内部港池和外部港池，外部港池用海范围测定方法见"T"形码头，内部港池用海范围为两个横向回折突堤之间的水域，也可参考"L"形码头港池用海测定方法。⑦渔港用海。采取人机交互识别的方法勾绘出卫星遥感影像上渔港内部的码头水陆边界线，为内界址线，以同样的方式勾绘渔港防波堤外缘线，并以此为基线做 50m 缓冲区，选取向海侧的 50m 缓冲线为外界址线，连接渔港内界址线和外界址线，形成封闭的渔港用海区域。⑧游艇港用海。以非透水方式构筑的游艇码头，在遥感影像上勾绘出码头水陆分界线，以此为基线做 3 倍船长的缓冲区，选取向海侧缓冲线为外界址线，与码头水陆分界线两端闭合构成港池用海区域。以透水方式构筑的游艇码头，勾绘出遥感影像上设泊位的码头水陆分界线，以此为基线做 3 倍船长的缓冲区，在其他区域勾绘出堤坝坡脚线，并以堤坝坡脚线为基线做 10m 缓冲区，连接码头水陆分界线、堤坝坡脚线和缓冲区向海外缘线，构成游艇港池用海区域。以上船长根据具体码头停靠的船舶类型而确定，也可在遥感影像上直接测量码头上停靠船舶的船长，取平均值。各类港口港池用海范围遥感影像测定实例见图 4-2。

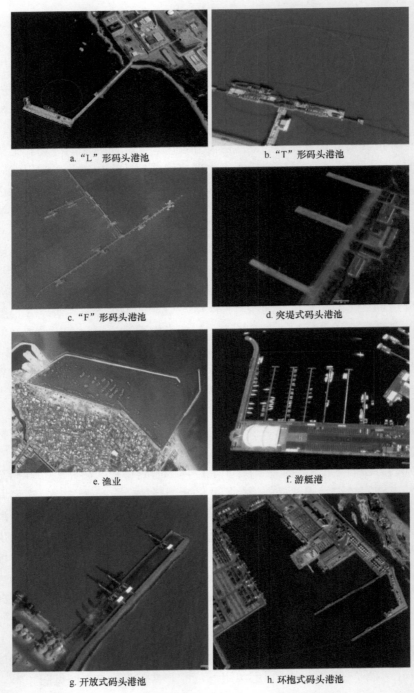

a. "L" 形码头港池   b. "T" 形码头港池

c. "F" 形码头港池   d. 突堤式码头港池

e. 渔业   f. 游艇港

g. 开放式码头港池   h. 环抱式码头港池

图 4-2 各类港口港池用海范围遥感影像测定实例

第二节　港口空间格局遥感监测与评估

　　港口空间格局就是港口各组成单元的内部空间整体布局。随着我国沿海港口建设的快速发展，港口建设占用了大量珍稀的自然海岸线、滨海湿地和海域空间资源，使它们成为海域资源集约/节约利用管理的重要行业用海。高空间分辨率遥感影像可以详细反映港口平面布局的总体形态及内部各单元的总体布局特征，是港口空间格局监测的基本技术手段。通过监测和评估港口空间格局，可以详细测算港口内部各单元的面积规模与空间布局，评估各内部单元面积与港口规模定位的匹配性，以及内部各单元之间面积规模的匹配性，为优化港口空间格局，提高港口用海集约/节约利用水平提供管理决策依据。本节采用国产 GF-1 卫星遥感影像，通过分析港口各内部组成单元的影像特征，建立面向对象的港口空间格局遥感监测技术方法与流程，并监测评估了营口港鲅鱼圈港区的空间格局特征，为港口空间格局的遥感监测与评估提供了技术依据。

一、港口空间格局分析

　　港口在空间组成上一般包括码头、港池、防波堤、堆场、港口内部道路、港口管理基础设施等。码头一般为透水构筑物或非透水构筑物，空间形态上有单突堤式或多突堤式、顺岸式、"T"形码头、"F"形码头、"L"形码头等。由于码头岸线多为直立式，因此码头范围为遥感影像上码头水边线与后方堆场边界线之间的区域，空间分辨率优于 2.0m 的遥感影像能显示码头的吊机等货物装卸设施。码头与后方堆场等区域的分界线在有些区域遥感影像上可以直观判定，有些区域则比较复杂，需要现场调查界定。港池为邻接码头的附近水域，其遥感影像上的港池色彩与海洋水体色彩一致。防波堤多为透水构筑物或非透水构筑物，位于港池外围水域，呈"一"字形排列，一般设施完备的港口布设有一条或多条防波堤。堆场一般位于码头后方，用于堆放在港口装卸的货物，多为填海造地或直接利用港口后方土地建设而成。港口内道路和其他区域道路色度一致，连通码头、堆场和港口外道路。港口管理基础设施包括仓库、楼房等建筑物集中分布区域，其在遥感影像上与工业、城镇区建筑物类似。港口各组成单元地表特征描述见表 4-1。

表 4-1   港口各组成单元地表特征描述

序号	地表类型	特征描述
1	码头	供船舶停靠、装卸货物、旅客上下、补给物料的构筑平台
2	港池	供船舶停靠的码头邻接海域
3	防波堤	位于港池口门或外缘水域中,防止和减弱波浪动力过程的条带状构筑物
4	堆场	位于码头后方,供货物堆放的区域
5	道路	连接码头、堆场、港口外部的车辆运输通道
6	港口管理基础设施	服务于港口管理的各类构筑物设施

二、港口空间格局遥感监测方法

由于港口码头用海属于局部范围的用海项目,空间跨幅一般在 10km 以内,监测要求能够反映相对细致的港口地物特征,因此一般需要采用空间分辨率优于5.0m 的高空间分辨率遥感影像。高空间分辨率遥感影像需要进行精确的地面控制点几何校正,才能提取具体的港口码头用海图斑。

根据港口空间格局及地表类型特点,以高空间分辨率遥感影像为基础数据,采用面向对象的分类技术,首先对高空间分辨率遥感影像进行尺度分割。尺度分割是依据相同的光谱特征和空间邻接关系将影像划分成像素群的过程,其间既能生成分类对象,又能将分类对象按等级结构连接起来。其次,建立港口地表类型分类知识库,也就是根据不同港口组成单元的地表影像光谱特征、形状特征和纹理特征等建立港口地表状态影像特征库。表 4-2 为港口区域地表影像特征。再次,根据影像特征库定义样本对象,插入分类器,对尺度分割后的影像进行面向对象分类。最后,采集地面验证点,对分类结果进行精度验证,保证遥感影像的分类准确率达到 90% 以上。

表 4-2   港口各组成单元地表状态遥感影像特征

序号	地物类型	色彩特征	形状与纹理特征	影像样本
1	码头	码头呈亮灰色,周边水体呈暗灰色、灰蓝色,两者色彩有明显对比	码头呈突堤状深入港池水域或顺岸邻接水域,极高分辨率遥感影像能显示码头装卸设备	
2	港池	港池水域呈暗灰色、灰蓝色等	邻接码头的水域,环抱式港口港池由码头、防波堤环抱;开放式港口港池为码头邻近水域	

序号	地物类型	色彩特征	形状与纹理特征	影像样本
3	防波堤	防波堤呈亮灰色，与周边水域的暗灰色形成明显对比	处于码头与港池外围，呈窄条带状分布	
4	堆场	堆场地面呈亮灰色，堆放货物因外表不同，色彩各异	处于码头后方的大片平整空旷区域，因堆放货物不同，形状与纹理各异	
5	道路	与周边堆场色彩相近，但色度相对均一	连接港口内部各功能单元之间的带状相互连通区域，表面相对平整	
6	港口管理基础设施	因建筑物顶部材质不同而色彩不一	建筑物密集分布，形状大小差别较大	

三、港口空间格局评估

港口空间格局评估主要评估港口码头岸线长度、港口码头岸线利用效率、港口内部单位码头岸线邻接的码头区域面积等，分别用港口码头岸线指数、港口码头岸线利用指数、港口码头指数、堆场指数和港池指数描述，各指数计算方法如下。

（1）港口码头岸线指数

港口码头岸线指数为港口区域码头岸线总长度占港口区域海岸线总长度的比例，计算方法为

$$PL = \frac{\sum_{i=1}^{n} l_i}{L_0} \tag{4-1}$$

式中，PL 为港口码头岸线指数，l_i 为第 i 段码头岸线长度，n 为港口内码头岸线总段数，L_0 为港口区域海岸线总长度。

（2）港口码头岸线利用指数

港口码头岸线利用指数主要反映港口码头岸线利用的效率情况，采用单位港口码头岸线的年货物吞吐量表示，计算方法为

$$CLU = \frac{T}{L_s} \tag{4-2}$$

式中，CLU 为港口码头岸线利用指数，T 为港口的年货物吞吐量，L_s 为港口码头岸线长度。

（3）港口码头指数

港口码头指数为单位码头岸线邻接的码头区域面积，即港口码头区域总面积除以码头岸线总长度，计算方法为

$$MI = \frac{\sum_{i=1}^{n} s_i}{\sum_{i=1}^{n} l_i} \tag{4-3}$$

式中，MI 为港口码头指数，s_i 为第 i 段码头区域面积（hm^2），l_i 为第 i 段码头岸线长度（km），n 为港口内码头岸线总段数。

（4）堆场指数

堆场指数为码头后方堆场总面积与码头岸线总长度的比值，计算方法为

$$DI = \frac{\sum_{j=1}^{m} a_j}{\sum_{i=1}^{n} l_i} \tag{4-4}$$

式中，DI 为堆场指数，a_j 为第 j 个堆场的面积（hm^2），m 为堆场个数，其他同公式（4-3）。

（5）港池指数

港池指数为港口港池总面积与码头岸线总长度的比值，计算方法为

$$GCI = \frac{S_c}{\sum_{i=1}^{n} l_i} \qquad (4\text{-}5)$$

式中，GCI 为港池指数，S_c 为港池总面积（hm²），其他同公式（4-3）。

四、营口港鲅鱼圈港区空间格局遥感监测与评估实践应用

（一）营口港鲅鱼圈港区空间格局遥感监测

　　收集营口港建设初步完成后于 2015 年采集的 ZY-3 卫星遥感影像作为营口港空间格局监测的基本数据。同时收集营口港大规模建设前于 2005 年采集的 Spot-5 卫星遥感影像作为海岸线占用信息提取的数据源。按照本节所述的港口空间格局遥感监测方法，分别提取营口港用海范围内的港池、码头、堆场、防波堤、道路、港口管理基础设施及未利用地，形成营口港空间格局遥感监测专题图，见图 4-3。

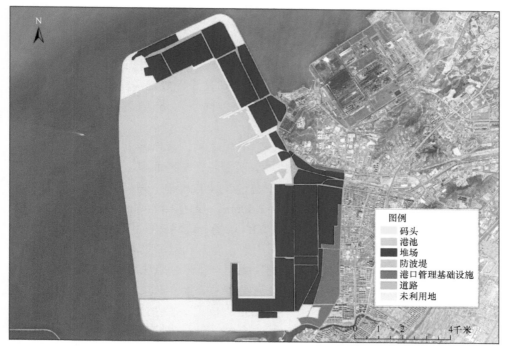

图 4-3　营口港空间格局遥感监测专题图

（二）营口港空间格局组成

　　营口港用海总面积为 9750.81hm²，包括港池、码头、堆场、防波堤、道路、港

口管理基础设施及未利用地，共 7 种功能利用类型。7 种功能利用类型中，港池的面积最大，达到 5347.27hm²，占营口港用海总面积的 54.84%；其次为堆场，营口港堆场处于码头后方，被道路分割成 23 个矩形堆场区域，总面积为 2388.98hm²，占营口港用海总面积的 24.50%。在港口南大堤和北大堤最西端，存在 3 个未利用土地区域，总面积为 1040.46hm²，占营口港用海总面积的 10.67%。港口码头货物装卸区沿码头岸线分布，宽度为 50～300m，总面积为 269.28hm²，仅占营口港用海总面积的 2.76%。港口基础设施处于西南部，主要为港口管理的楼堂馆舍，总面积为 293.22hm²，占营口港用海总面积的 3.01%。港口内道路呈网格状分布于码头、堆场、港口管理基础设施区域，总面积为 387.36hm²，占营口港用海总面积的 3.97%。另外，在港口港池西部与外海连接区域分布有南防波堤和北防波堤，南防波堤6436.85m，北防波堤 830.0m，总面积为 24.24hm²，占营口港用海总面积的 0.25%。

（三）营口港空间格局评估

营口港建设形成人工海岸线 43.41km，其中利用港口码头深水海岸线24.23km，港口建设占用自然海岸线和人工海岸线总长度为 8.607km，海岸线冗亏指数为 5.04，深水岸线比例为 0.56。近 5 年营口港平均年吞吐量为 3.30 亿 t，港口码头岸线利用指数为 1361.95 万 t/km。港口建设形成码头货物装卸区面积为269.28hm²，港口码头指数为 11.11hm²/km。港口建设形成堆场面积为 2388.98hm²，堆场指数为 98.60hm²/km；港口建设形成港池面积为 5347.27hm²，港池指数为220.69hm²/km。

综合分析营口港各功能区的面积及其分配比例，营口港码头岸线利用指数基本为 1500.00 万 t/km。港口码头岸线与码头面积、堆场面积、道路面积的基本比例为 1.00：12.00：108.00：17.58。也就是说，1.00km 港口码头岸线可实现年吞吐量 1500.00 万 t，需要码头货物装卸区 12.00hm²、堆场 108.00hm²、道路 17.58hm²。以上堆场与码头的面积比例为 9.00：1.00，堆场与道路的面积比例为 6.14：1.00。营口港南大堤仍有 722.54hm² 的未利用土地，有未利用深水岸线 4014.00m；北大堤仍有两块总面积为 193.79hm² 的未利用土地，有未利用深水岸线 1874.00m。按照营口港目前的港口码头岸线利用率，营口港吞吐量提升空间为 8832 万 t/年，可形成港口码头区域 70.66hm²，堆场区域 635.90hm²，道路 103.51hm²。

第三节　港口使用状况遥感监测与评估

　　港口是船舶停泊、货物装卸、旅客上下、补充给养的水陆交通枢纽，它的基本功能是货物和旅客运转，判断港口基本功能发挥状况的一个重要指标是港口吞吐量。港口吞吐量是一定时间内（年、季、月）港口装卸货物的总数量，港口吞吐一般都是由船舶装卸货物完成运输任务而实现的。因此，通过监测一定时间内港口内停靠的船舶规模和数量，可以反映港口吞吐量的实现情况。如果某段时间内港口停靠的船舶规格大且数量多，则港口使用繁忙；反之，则港口使用不繁忙。高空间分辨率卫星遥感技术的快速发展，为利用卫星遥感技术监测港口内船舶的停靠提供了可行的方法，相关学者已研究建立了港口内船舶卫星遥感监测技术方法（陈玉兰和罗永明，2009；柴宏磊，2012）。利用卫星遥感技术动态监测一个港口内船舶的停靠状况，可以反映港口吞吐量的实现情况，即港口使用景气状况。通过遥感监测评估港口使用景气状况，纵向可以反映一个港口使用景气状况的动态变化过程，从侧面揭示港口腹地外向型区域经济发展动态变化特征；横向也可以比较不同港口使用景气状况的区域差异，反映各个港口腹地外向型经济发展的区域差异；港口使用景气状况遥感监测与评估成果总体上也可为区域港口规划、港口用海审批与管理提供技术参考。本节探索性地研究构建了港口使用景气指数遥感监测与评估方法，为港口使用状况遥感监测与评估提供了技术依据。

一、港口船舶遥感监测技术

（一）遥感影像及预处理

　　港口船舶监测需要空间分辨率较高的遥感影像，一般空间分辨率优于 2.0m 的光学遥感影像，才能清晰显示港口内船舶的形态。遥感影像的预处理包括遥感影像几何精校正、灰度计算、遥感影像平滑和遥感影像增强等，遥感影像几何精校正在第二章已有论述，这里就不再重复。

　　在对港口遥感影像进行处理时，为了更准确地区分港口水陆区域，需要对遥感影像进行灰度化处理。可见光合成的遥感影像多为彩色影像，源遥感影像多为三通道彩色影像。三通道彩色影像一般用 RGB 来表示。所谓的灰度图像就是将遥感影像中的 R、G、B 3 个分量均衡化，使 3 个分量相等，而如何根据遥感影像中 RGB 分量的值得到最终的灰度，取决于不同的灰度化算法。

常用的灰度化算法有

$$Gray = B; Gray = G; Gray = R$$
$$Gray = \max(B + G + R)$$
$$Gray = (B + G + R) / 3 \tag{4-6}$$
$$Gray = 0.0722B + 0.7152G + 0.2127R$$
$$Gray = 0.11B + 0.59G + 0.30R$$

遥感影像平滑通常情况下采用各向同性的线性平滑滤波器,例如,高斯滤波器对高斯噪声的处理效果很好,然而这种方法在去除噪声的同时,也使遥感影像的边缘信息变得模糊,影响船舶目标的识别。因此,可采用各向异性扩散滤波的方法做平滑处理。各向异性扩散滤波方法的基本思路是将原始影像作为一种媒介,在它上面以可变的速率发生扩散,从而得到一系列逐渐平滑的影像。

遥感影像增强的方法主要包括空域增强和频域增强,空域增强算法主要包括基于线性拉伸、分段线性拉伸及直方图均衡化图像增强。基于线性拉伸增强后的影像灰度直方图与原始灰度直方图基本相似,但是影像整体对比度不强;直方图均衡化增强后的影像,其特点是整体对比度很强,影像比较美观,但是会造成灰度的"吞噬",使遥感影像信息有所丢失;经过分段线性拉伸增强后的图像,被增强的数据段的灰度分布于 1~254,而被忽略的数据段的灰度则为 0 或者 255,分段线性拉伸增强能够很好地将感兴趣的数据段增强,充分显示其包含的信息。

（二）港口船舶特征分析

一般民用港口船舶包括集装箱船、散装货船、油船等,这些船舶目标特征主要包括尺寸、形状、灰度和所处的位置。尺寸特征主要体现在船舶的长度、宽度和平面面积,一般船舶的长度大都集中在 20~320m,宽度在 5~70m,不同类别、型级、国家的船舶尺寸大小相差很大。根据尺寸特征就可以判断某一船舶是否为船舶目标。形状特征主要体现在船舶的平面形状,不同功能用途的船舶,其形状各不相同,一般货船平面形状多为类椭圆形。灰度特征:船舶与海面背景的反射率明显不同,导致船舶的灰度也与海面背景有较大的差异,通常呈现黑极性或白极性特征,海面区域的灰度变化平缓,而含有船舶的海面区域灰度变化有较大的起伏。灰度特征是分割船舶目标的主要依据(张志龙等,2010)。位置特征:港口内船舶停靠在码头边,船的主轴是平行于码头边的。

（三）港口内船舶遥感信息提取

（1）港池区域遥感影像海陆分离

由于陆地各种地物与港池船舶灰度相近,会影响船舶目标的识别,可采用去除陆地部分只保留港池区域的方法消除陆地地物对船舶目标提取的影响。一般港口区域海陆分界线比较明显，可采用基于坐标掩膜的方法，进行海陆初步分离。具体方法为：在遥感影像上量取海岸线拐点坐标，顺序连接各海岸线拐点坐标，在港池口门处直线两边的海岸线形成封闭的多边形区域，对该区域进行掩膜处理即可实现遥感影像的海陆分离。经过海陆分离，基本可以保证遥感影像上船舶目标的灰度与其他目标有所区别。

（2）基于灰度直方图的船舶信息提取

遥感影像的灰度直方图是遥感影像各像素灰度的一种统计分布。最常用的阈值选取方法就是根据直方图进行的。如果对双峰直方图选取两峰之间的谷底所对应的灰度作为阈值，就可将目标和背景分开。谷底的选取方法有许多种，常用的有极小值点阈值法和最优阈值法。

港口船舶遥感影像信息提取的背景信息是海域，目标信息是船舶区域。观察分析发现，港口区域遥感影像基本都满足双峰特征。因此船舶目标提取，可以采用迭代阈值法进行阈值分割，其算法步骤如下。

A. 求出遥感影像中最小灰度 Z_l 和最大灰度 Z_k，令阈值初始为

$$T^k = （Z_l + Z_k） /2 \tag{4-7}$$

B. 根据阈值 T^k 将遥感影像分割成目标和背景两部分，求出两部分的平均灰度 Z_O 和 Z_B：

$$Z_O = \frac{\sum_{Z(i,j)<T^k} Z(i,j) \times N(i,j)}{\sum_{Z(i,j)<T^k} N(i,j)} \tag{4-8}$$

$$Z_B = \frac{\sum_{Z(i,j)>T^k} Z(i,j) \times N(i,j)}{\sum_{Z(i,j)>T^k} N(i,j)} \tag{4-9}$$

式中，$Z(i,j)$ 是图像上 (i,j) 点的灰度，$N(i,j)$ 是图像上 (i,j) 点的权重系数，一般 $N(i,j) = 1.0$。

C. 得出新的阈值：

$$T^{k+1} = （Z_O + Z_B） /2 \tag{4-10}$$

D. 如果 $T^k = T^{k+1}$，则结束；否则 $k \leftarrow k+1$，转步骤 B。

根据上述方法分割出港口区域的船舶目标。

（3）船舶目标修正

由于船舶目标自身具有船楼、甲板室及桅杆、烟囱等建筑结构，因此在可见光遥感影像中常常伴随有阴影，在取阈值分割时，阴影部分灰度较低，被分为背景，从而导致分割后所得的船舶目标有缺口、洞等，不利于准确提取船舶特征。

为此必须对分割后的图像进行必要的处理，以获取完整的船舶目标，提取更准确的特征。常用的补全处理方法有腐蚀，膨胀，开、闭操作，通过以上方法基本可以获得完整的船舶目标信息。

（四）船舶面积计算

采用灰度直方图分割法提取港口内船舶区域后，就可以用栅格像元计算船舶平面面积 A，方法如下：

$$A = \left[\sum_{j=1}^{N} \sum_{i=1}^{M} p(i, j) \right] \times m^2 \qquad (4\text{-}11)$$

式中，m 是遥感影像空间分辨率，$p(i, j)$ 是二值图像中点值为"1"的像元。在二值图像中，令海域背景灰度为 0，目标灰度为 1。图像大小是 $M \times N$，M 和 N 分别代表行数和列数。

二、港口使用景气状况评估方法

采用港口使用景气指数来描述港口使用的景气状况，港口使用景气指数为单位港口码头岸线的船舶面积，计算方法如下：

$$\mathrm{PUL} = \frac{\sum_{i=1}^{n} a_i}{L_0} \qquad (4\text{-}12)$$

式中，PUL 为港口使用景气指数，a_i 为港口内第 i 艘船舶的平面面积，单位为 m^2，L_0 为实际投入使用的港口码头岸线长度，单位为 m，n 为港口内的船舶总数量。港口码头岸线遥感监测方法见第三章第二节顺岸突堤式区域建设用海规划遥感监测与评估。

港口使用景气指数可以反映某一时刻港口使用的繁忙程度。如果长期固定监测某一港口，就可以获得该港口的港口使用景气指数动态变化图，用以揭示该港口在不同时间的使用繁忙状态。如果同一时期监测不同港口，就可以获取同一时期不同港口的港口使用景气指数对比图，用以揭示不同港口的使用效率。

三、渤海内主要港口使用遥感监测与评估实践应用

（一）渤海内主要港口监测数据

选择渤海内的营口港鲅鱼圈港区、天津港北疆和东疆港区、锦州港、秦皇岛港和烟台港作为试点区域。分别收集覆盖以上 5 个港区的高空间分辨率卫星遥感

影像，每个港口随机选取 5 个不同时刻采集的卫星遥感影像，渤海内主要港口使用监测的卫星遥感影像数据见表 4-3。按照本节所述方法，利用卫星遥感影像监测港口内的船舶停靠数量，统计停靠船舶的平面面积，同时测量港口内船舶停靠的码头岸线长度，计算以上港口在不同时刻的港口使用景气指数。

表 4-3　渤海内主要港口使用遥感监测的影像数据列表

港口名称	遥感影像来源	获取时间（年/月/日）	空间分辨率/m
营口港鲅鱼圈港区	TH-1	2013/04/03	2.0
	ZY-3	2013/06/15	2.1
	GF-1	2015/03/24	2.0
	ZY-3	2015/04/15	2.1
	GF-1	2016/08/22	2.0
天津港北疆和东疆港区	GF-1	2013/05/01	2.0
	ZY-3	2015/02/14	2.1
	GF-1	2015/05/16	2.0
	GF-1	2016/04/06	2.0
	ZY-3	2017/04/07	2.1
烟台港	GF-1	2015/07/21	2.0
	ZY-3	2016/06/01	2.1
	GF-1	2016/06/25	2.0
	GF-1	2016/08/16	2.0
	GF-1	2016/11/17	2.1
锦州港	TH-1	2013/09/27	2.0
	ZY-3	2013/11/29	2.1
	GF-1	2016/06/07	2.0
	GF-1	2016/06/13	2.0
	ZY-2	2016/08/26	2.0
秦皇岛港	GF-1	2013/11/17	2.0
	ZY-3	2014/06/22	2.0
	ZY-3	2015/07/13	2.0
	GF-1	2016/05/28	2.0
	GF-1	2017/01/18	2.0

（二）渤海内主要港口使用景气指数比较分析

比较分析营口港鲅鱼圈港区、天津港北疆和东疆港区、锦州港、秦皇岛港、烟台港 5 个港口在 5 个不同时刻的港口使用景气指数（图 4-4）。天津港东疆港区码头岸线长 14.28km，北疆港区码头岸线长 21.22km，码头岸线总长度为 35.50km。

2013 年 5 月 1 日，码头岸线上停靠船舶 45 艘，船舶平面面积为 381 439.41m²，港口使用景气指数为 10.74；2015 年 2 月 14 日，码头岸线上停靠船舶 70 艘，船舶平面面积为 442 131.44m²，港口使用景气指数为 12.45；2015 年 5 月 16 日，东疆港区码头岸线上停靠船舶 20 艘，船舶平面面积为 280 742.01m²，港口使用景气指数为 19.66；2016 年 4 月 6 日，码头岸线上停靠船舶 51 艘，船舶平面面积为 306 977.8m²，港口使用景气指数为 8.93；2017 年 4 月 7 日，码头岸线上停靠船舶 34 艘，船舶平面面积为 344 027.50m²，港口使用景气指数为 9.38。

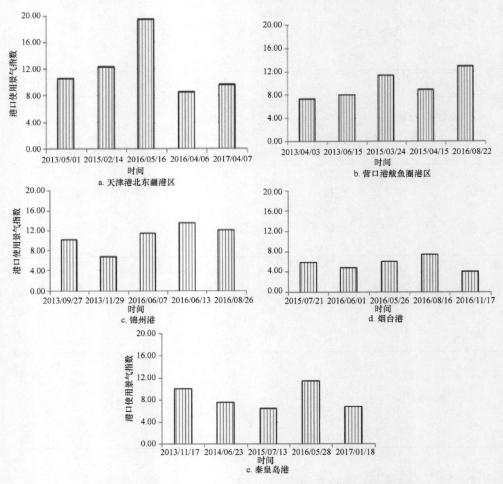

图 4-4　渤海内 5 个主要港口在 5 个不同时刻的港口使用景气指数图

营口港鲅鱼圈港区码头岸线长度为 24.23km，2013 年 4 月 3 日，码头岸线上停靠船舶 24 艘，船舶平面面积为 176 272.06m²，港口使用景气指数为 7.28；

2015 年 6 月 15 日，码头岸线上停靠船舶 23 艘，船舶平面面积为 194 345.44m²，港口使用景气指数为 8.02；2015 年 3 月 24 日，码头岸线上停靠船舶 56 艘，船舶平面面积为 275 508.67m²，港口使用景气指数为 11.37；2015 年 4 月 15 日，码头岸线上停靠船舶 44 艘，船舶平面面积为 218 097.07m²，港口使用景气指数为 9.00；2016 年 8 月 22 日，码头岸线上停靠船舶 49 艘，船舶平面面积为 314 470.00m²，港口使用景气指数为 12.98。

锦州港码头岸线长度为 7.92km，2013 年 9 月 27 日，码头岸线上停靠船舶 11 艘，船舶平面面积为 79 784.62m²，港口使用景气指数为 10.07；2013 年 11 月 29 日，码头岸线上停靠船舶 6 艘，船舶平面面积为 53 951.16m²，港口使用景气指数为 6.81；2016 年 6 月 7 日，码头岸线上停靠船舶 11 艘，船舶平面面积为 90 212.04m²，港口使用景气指数为 11.39；2016 年 6 月 13 日，码头岸线上停靠船舶 16 艘，船舶平面面积为 106 775.50m²，港口使用景气指数为 13.48；2016 年 8 月 26 日，码头岸线上停靠船舶 15 艘，船舶平面面积为 94 569.21m²，港口使用景气指数为 11.94。

烟台港码头岸线长度为 19.55km，2015 年 7 月 21 日，码头岸线上停靠船舶 19 艘，船舶平面面积为 115 276.99m²，港口使用景气指数为 5.90；2016 年 6 月 1 日，码头岸线上停靠船舶 19 艘，船舶平面面积为 94 327.04m²，港口使用景气指数为 4.82；2016 年 6 月 25 日，码头岸线上停靠船舶 25 艘，船舶平面面积为 117 505.30m²，港口使用景气指数为 6.01；2016 年 8 月 16 日，码头岸线上停靠船舶 32 艘，船舶平面面积为 145 140.20m²，港口使用景气指数为 7.42；2016 年 11 月 17 日，码头岸线上停靠船舶 13 艘，船舶平面面积为 78 873.73m²，港口使用景气指数为 4.03。

秦皇岛港码头岸线长度为 19.76km，2013 年 11 月 17 日，码头岸线上停靠船舶 28 艘，船舶平面面积为 198 624.16m²，港口使用景气指数为 10.05；2014 年 6 月 22 日，码头岸线上停靠船舶 21 艘，船舶平面面积为 148 968.12m²，港口使用景气指数为 7.54；2015 年 7 月 13 日，码头岸线上停靠船舶 18 艘，船舶平面面积为 127 686.96m²，港口使用景气指数为 6.46；2016 年 5 月 28 日，码头岸线上停靠船舶 32 艘，船舶平面面积为 226 998.99m²，港口使用景气指数为 11.49；2017 年 1 月 18 日，码头岸线上停靠船舶 19 艘，船舶平面面积为 134 780.68m²，港口使用景气指数为 6.82。

将每个港口 5 个不同时刻的港口使用景气指数相加除以 5，计算每个港口的总体使用景气指数。渤海内 5 个主要港口的总体使用景气指数比较见图 4-5。可以看出天津港北疆和东疆港区、营口港鲅鱼圈港区和锦州港的港口总体使用景气指数较高，都在 10.0 以上，其中锦州港最高，达到 10.74；而烟台港和秦皇岛港的港口总体使用景气指数较低，分别只有 5.64 和 8.47。

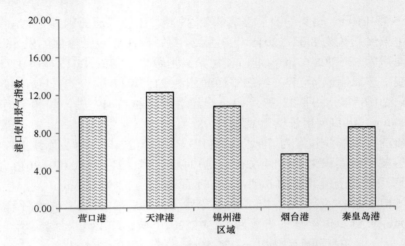

图 4-5 渤海主要港口使用景气指数比较

本 章 小 结

　　港口码头用海是当前使用海岸线和海域资源较多的一种行业用海类型，港口码头区域也是海域使用动态监管的主要区域。本章从港口码头区域地表地物的遥感影像特征分析入手，首先研究构建了港口空间格局遥感监测方法，以及港口用海集约利用评估指标，并开展了营口港鲅鱼圈港区空间格局遥感监测与评估实践应用。同时为了监测与评估港口使用效率，利用高空间分辨率遥感影像的空间分辨率优势，探索建立了港口船舶遥感监测技术方法，以此为基础构建了港口使用景气指数，并选取渤海区域 5 个典型港口开展了实践应用，目的是通过卫星遥感技术监测、计算港口内停靠船舶的数量及规模，反映港口码头区的使用景气状况。

第五章

滨海旅游区遥感监测与评估

第一节　滨海旅游区遥感影像特征

　　滨海旅游区是指在滨海地带和近岸水域的所有与旅游、休闲及游憩活动相关的区域。滨海旅游区最初以游客观赏滨海风景、欣赏沙滩文化和滨海风情为主，近年来逐渐转向休闲度假、海上娱乐、旅游购物等多种功能。近十年来，随着我国滨海旅游业的快速发展，滨海旅游区规模呈膨胀式发展，滨海旅游休闲用海也逐渐成为当前我国海域使用的主要类型之一（李鹏山等，2010；那楠，2015）。高空间分辨率遥感影像以其极高的空间分辨率优势，可以识别滨海旅游区的各类主要地物，为滨海旅游区用海/用地遥感监测提供有效的技术手段。开展滨海旅游区遥感监测与评估，可以揭示滨海旅游区规模范围、用海/用地结构比例，空间功能布局等滨海旅游区空间格局，可以为整合滨海旅游资源，优化滨海旅游区功能布局，实现滨海旅游资源的合理配置提供依据。

一、滨海旅游区空间结构分析

　　滨海旅游资源是指在滨海地带对旅游者具有吸引力，能够激发旅游者的旅游动机，具备一定的旅游功能和旅游开发价值，并能产生经济效益、社会效益和环境效益的事物和因素。滨海旅游资源是发展滨海旅游产业的基础。滨海旅游区是滨海旅游资源集中分布、滨海旅游产业高度发展的区域。由于滨海旅游区的功能定位不同，滨海旅游区的空间结构也相差较大，一般滨海旅游区的主要组成包括：①滨海旅游娱乐对象，包括海岸沙滩、娱乐海域、海岸景观、海岸绿地等；②滨海旅游基础设施，包括住宿宾馆酒店、海边大排档等餐饮设施、道路、码头等。沙滩是多数滨海旅游区的核心区域，沙滩毗邻的浅水海域是游泳嬉水活动的滨海浴场用海区，在滨海浴场用海区以外的海域可以开展冲浪等水上休闲运动。沙滩以上的陆地一般为海岸绿地、人工雕塑等海岸景观和休闲道路、亭台廊道、旅游广场等基础设施，一些区域中还有海边餐饮区。旅游的宾馆酒店多位于距离海岸较远的滨海城市/城镇区。一些大型滨海旅游区中还有游艇港、游艇码头、休闲娱乐海域等。

二、滨海旅游资源类型及其遥感影像特征

　　滨海旅游区的旅游资源类型可以划分为植被景观类、地貌景观类、人文景观类、海水娱乐类、休闲渔业类等。其中植被景观类又可以分为红海滩景观、芦苇湿地景观、红树林湿地景观、海岸防护林/森林景观、人工绿地景观等；地貌景观类可以分为沙坝潟湖景观、海岸礁石景观、沙滩景观、海岛地貌景观等；人文景观类包括滨海雕塑、滨海休闲广场、滨海亭台廊道等；海水娱乐类包括游艇港与游艇码头、海上跳水、海上冲浪、海洋潜水、帆船、游艇等；休闲渔业类包括海上垂钓、海滩捡贝、观赏捕鱼等。以上滨海旅游资源中遥感影像可识别的主要为分布面积大、平面特征明显的地表景观，包括植被景观类中的红海滩景观、芦苇湿地景观、红树林湿地景观、海岸防护林/森林景观、人工绿地景观；地貌景观类中的沙坝潟湖景观、沙滩景观、海岛地貌景观；人文景观类中的滨海休闲广场、道路、旅游基础设施等。以上主要滨海旅游资源的遥感影像特征见图5-1。

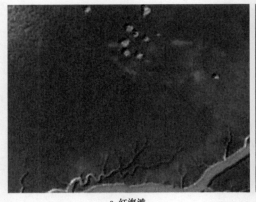
a. 红海滩

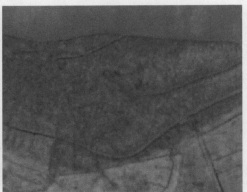
b. 芦苇湿地

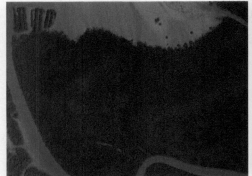
c. 红树林湿地

d. 人工绿地

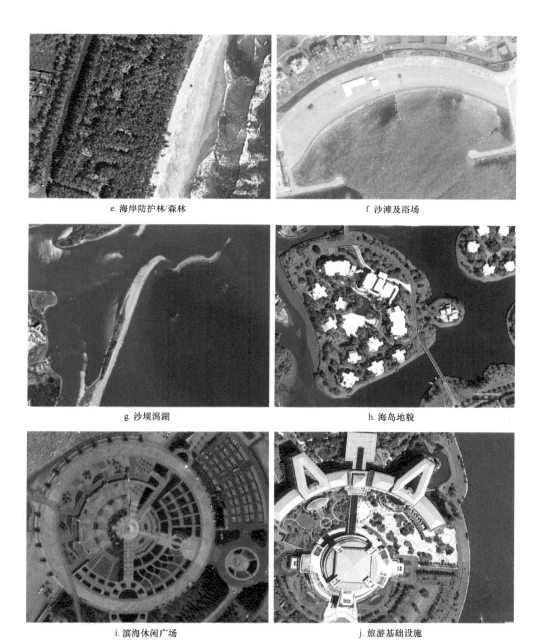

e. 海岸防护林/森林　　　　　　　f. 沙滩及浴场

g. 沙坝潟湖　　　　　　　　h. 海岛地貌

i. 滨海休闲广场　　　　　　j. 旅游基础设施

k.道路与桥梁   l.滨海雕塑

图 5-1 主要滨海旅游资源的遥感影像特征

第二节　滨海旅游区开发建设效果遥感监测与评估

　　滨海旅游产业已成为当前我国海洋产业的主要增长点，沿海各地都将滨海旅游产业作为当地经济发展的优先发展产业，规划了大小不一、类型多样、结构迥异的滨海旅游区项目。这些滨海旅游区项目的实施，对改善和修复海岸环境、美化海岸景观、提高海岸资源的开发利用价值起到很好的促进作用。由于滨海旅游区项目类型多样、目标不一，因此如何科学地监测评估滨海旅游区开发建设项目的实施效果，是目前滨海旅游区用海/用地监管面临的主要技术问题之一。高空间分辨率卫星遥感影像可以详细地反映滨海旅游区开发建设项目实施前后的海岸景观格局精细特征，对比分析滨海旅游区开发建设项目实施在沙滩养护、海岸空间整理、海岸景观美化、旅游基础设施建设方面的整体效果，在滨海旅游区项目开发建设效果评估工作中具有重要的应用价值（张明慧等，2017）。为探索应用高空间分辨率卫星遥感影像开展滨海旅游区开发建设效果评估，本节以营口市月亮湾滨海旅游区开发建设效果监测与评估为实践应用案例，分别采用 Spot-5 卫星遥感影像和 GF-1 卫星遥感影像，对比分析滨海旅游区开发建设项目实施前后海岸景观格局的变化，遴选以海岸旅游娱乐开发为导向的开发建设效果评估指标，为滨海旅游区的开发建设效果评估提供技术方法。

一、滨海旅游区开发建设效果遥感监测方法

　　收集滨海旅游区开发建设工程实施前和开发建设工程实施后的高空间分辨率遥感影像，影像幅宽要能完全覆盖监测区域。同时收集 1∶10 000 数字地形图，作为参考数据。在遥感影像上均匀布设地面控制点 25 个，采用高精度信标机在现场实测每一地面控制点的地理坐标。采用二元三次多项式对高空间分辨率遥感影像进行几何精校正，保证不同影像间位置偏移不超过 1 个像元（苏奋振，2015）。

　　在全面对滨海旅游区开发建设地面状况进行定位勘查的基础上，结合滨海旅游区开发建设项目实施前后的影像地物特征，建立滨海旅游区景观类型分类体系。根据面向对象的卫星遥感影像分类提取技术流程，采用 eCognition 8.0 软件进行遥感影像的海岸景观分类信息提取，首先对高分一号卫星遥感影像和 Spot-5 卫星遥感影像进行尺度分割，尺度分割算法是一种依据优化功能融合异质性最小对象的技术，算法原理如下：

$$\sum_{n_b} \sigma_b + (1 - W_{sp}) \left[W_{cp} \frac{1}{\sqrt{n_p}} + (1 - W_{cp}) \frac{l}{l_r} \right] \leq \text{hsc} \qquad (5\text{-}1)$$

式中，n_b 表示波段数量，σ_b 表示波段 b 的内部方差，l 表示地物边界长度，n_p 表示像元数量，l_r 表示像元大小，光谱参数 W_{sp} 是同质光谱与目标形状的比值，紧密度异质性 W_{cp} 是紧密度与光滑度的比值，hsc 为平均异质性参数。最终，相应的最小异质性阈值，即光谱异质性、光滑度异质性、紧密度异质性最小，才能使控制目标尺寸的整幅影像所有对象的平均异质性参数 hsc 最小的像元被计算出来。

其次，综合应用各类海岸景观类型的光谱特征、空间形状、空间位置排列等建立海岸景观类型影像特征库。最后，根据影像特征库定义样本对象，插入分类器，对尺度分割后的影像进行面向对象分类，分别形成滨海旅游区开发建设前和开发建设后的景观格局矢量数据（田波等，2008）。采用路线验证法，校验海岸景观格局分类的准确性。

二、滨海旅游区开发建设效果评估方法

（一）沙滩养护效果评估

沙滩是砂质海岸旅游娱乐产业发展的核心资源，沙滩的长度和宽度是砂质海岸游客承载力的基本评估因素。根据实际调查，游客休憩于沙滩时主要是下海游泳和观赏海面景色，所以基本上都集中于沙滩水边线 200m 以内，在 200m 以外沙滩休憩的游客极少。因此以沙滩 200m 宽度作为沙滩评估的上限，200m 以上宽度等同于 200m 宽度。采用沙滩长度与沙滩宽度的乘积作为沙滩评估的基本因素。采用沙滩面积系数评估沙滩养护工程对沙滩的改善效果，沙滩面积系数计算方法如下：

$$C_s = \frac{\sum_{j=1}^{m} a_j b_j}{\sum_{i=1}^{n} a_{i0} b_{i0}} \qquad (5\text{-}2)$$

式中，C_s 为沙滩面积系数，a_{i0} 为沙滩养护前第 i 段沙滩的长度，b_{i0} 为沙滩养护前第 i 段沙滩的宽度，n 为沙滩养护前沙滩的总段数，a_j 为沙滩养护后第 j 段沙滩的长度，b_j 为沙滩养护后第 j 段沙滩的宽度，m 为沙滩养护后沙滩的总段数。

适宜游乐水域是砂质海岸旅游娱乐的另一重要资源，对于岬湾型砂质海岸，底质一般为细软砂质，因此水深是评判其是否适宜游泳娱乐的重要指标，在适宜水深范围内的海域面积越大，尤其是临岸适宜游泳娱乐的水域面积越大，其游客承载力越高（Marsh，2010；徐福英，2015）。因此，本节以 500m 范围内等深线 2m 以浅的海域面积作为适宜游泳娱乐水域面积。采用适宜游乐区系数来评估沙滩

养护工程对海洋游泳娱乐功能的改善效果。适宜游乐区系数计算方法如下：

$$CB = \frac{\sum_{j=1}^{m} A_j}{\sum_{i=1}^{n} A_{0i}} \qquad (5\text{-}3)$$

式中，CB 为适宜游乐区系数，A_{0i} 为沙滩养护工程实施前第 i 适宜游乐区水域面积，A_j 为沙滩养护工程实施后第 j 适宜游乐区水域面积，n 为沙滩养护工程实施前的适宜游乐区域个数，m 为沙滩养护工程实施后的适宜游乐区域个数。

（二）海岸空间整理效果评估

海岸空间整理是为实现海岸的某种生态、生产、生活功能而对海岸空间开发利用方向进行调整，使海岸空间用途与管理目标相一致。砂质海岸空间整理工程多是按照海岸旅游休闲娱乐产业发展规划，为实现海岸旅游休闲娱乐功能，将海岸空间划分为不同的旅游、休闲、娱乐功能区，进行分区整理。为客观评价海岸空间整理工程的实施效果，本节通过分析各个功能分区的空间利用结构，构建了主体功能度指数，用以描述各个功能分区空间开发利用方向与主体功能的一致性程度。主体功能度指数计算方法如下：

$$MF = \frac{\sum_{i=1}^{n} a_i}{S} \qquad (5\text{-}4)$$

式中，MF 为主体功能度指数，S 为功能分区总面积，a_i 为与主体功能相一致的开发利用类型空间斑块面积，n 为与主体功能相一致的开发利用斑块总数量。判断某一开发利用斑块与主体功能是否一致的原则是该斑块是否发挥了所在功能分区的主体功能。

（三）海岸景观格局美化效果评估

海岸景观格局美化是在海岸原有景观格局的基础上，根据旅游休闲娱乐产业发展的需要，对原有景观类型和景观格局进行美化，使海岸景观格局更具景观观赏、休闲娱乐价值，海岸景观格局美化包括植被景观的改造和整饰、人工景观的塑造、海岸景观质量的改善、景观格局的优化等。为了客观地评估海岸景观美化效果，借用景观生态学中的景观多样性指数和景观变化指数来分析海岸景观格局美化工程实施前后各个功能分区的景观多样性变化与景观类型变化，采用景观多样性系数和景观变化指数来评价海岸景观格局美化工程的实施效果（Kelly，2001；Suo et al.，2016）。计算方法如下：

$$H = -\sum_{i=1}^{n} P_i \times \log_2 P_i \qquad (5\text{-}5)$$

$$HX = \frac{H_{\text{h}}}{H_{\text{q}}} \qquad (5\text{-}6)$$

$$LB = \frac{\sum_{i=1}^{m} b_i}{S} \qquad (5\text{-}7)$$

式中，H 为景观多样性指数，P_i 为景观类型 i 占功能分区景观总面积的比例，n 为功能分区内景观类型数量。HX 为景观多样性系数，H_{h} 为海岸景观格局美化工程实施后的景观多样性指数，H_{q} 为海岸景观格局美化工程实施前的景观多样性指数。LB 为景观变化指数，S 为功能分区总面积，b_i 为景观美化工程实施后改变的景观斑块面积，m 为景观美化工程实施后改变的景观斑块数量。

三、营口市月亮湾滨海旅游区开发建设效果遥感监测与评估实践应用

根据营口市月亮湾滨海旅游区开发建设前和开发建设后的海岸地表特征，将营口市月亮湾海岸景观类型划分为沙滩、海面、养殖池塘、林地、草地、灌丛、旅游基础设施、道路、湖泊、农田等 15 种类型。采用开发建设项目实施前于 2005 年采集的 Spot-5 卫星遥感影像和开发建设项目实施后于 2015 年采集的 GF-1 卫星遥感影像作为滨海旅游区开发建设效果监测的基本数据。按照本节所述的监测方法，编制营口市月亮湾滨海旅游区开发建设项目实施前的海岸景观格局图和开发建设项目实施后的海岸景观格局图（图 5-2）。

（一）沙滩养护效果评估

2005 年海岸沙滩养护工程实施前，月亮湾海岸沙滩从熊岳河口到月亮湖公园，长度为 2830m，沙滩平均宽度为 89.79m，沙滩总面积为 25.41hm²，沙滩分布破碎，总共有 6 个岸段，在熊岳河口分布有河口沙坝，长度为 490m。海岸沙滩养护工程实施时，在熊岳河口填海造地工程内湾新喂养沙滩，在月亮湖公园海岸填海造地建设游艇基地，将基地北部海岸改造成渔港。2015 年海岸沙滩养护工程完成后，海岸沙滩从熊岳河口填海造地工程岬角沿内湾延伸至山海广场观景台通道，再从山海广场观景台通道延伸到游艇基地通道，总长度达到 5300m，平均宽度为 116.83m，海岸沙滩总面积增加为 61.92hm²，沙滩面积系数为 2.44。

填海造地、海岸沙滩养护等海岸工程占用了部分用于营造沙滩和游泳嬉水空间的同时，也占用了部分适宜游泳嬉水的潮滩水面。2005 年月亮湾适宜游泳嬉水的潮滩水域面积为 134.67hm²，2015 年海岸整治修复工程完成后，月亮湾适宜游

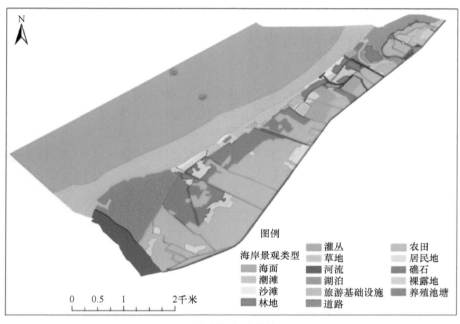

图例

海岸景观类型

海面	灌丛	农田
潮滩	草地	居民地
沙滩	河流	礁石
林地	湖泊	裸露地
	旅游基础设施	养殖池塘
	道路	

0　0.5　1　　　　　2千米

a. 开发建设项目实施前

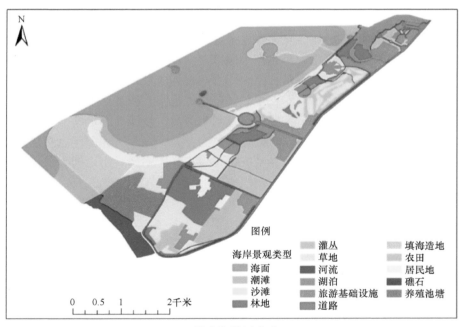

图例

海岸景观类型

海面	灌丛	填海造地
潮滩	草地	农田
沙滩	河流	居民地
林地	湖泊	礁石
	旅游基础设施	养殖池塘
	道路	

0　0.5　1　　　　　2千米

b. 开发建设项目实施后

图 5-2　营口市月亮湾滨海旅游区开发建设项目实施前后的景观格局

泳嬉水的潮滩水域面积增加为 148.48hm², 适宜游泳嬉水的潮滩水域面积增加了 13.81hm², 适宜游乐区系数为 1.10。

（二）海岸空间整理效果评估

月亮湾海岸空间功能分区整理工程实施前（2005 年），月亮湾海岸以海面水域、海岸防护林、农田景观为主，旅游休闲娱乐功能分区特点不明显。月亮湾海岸空间整理工程实施后（2015 年），月亮湖公园、高尔夫休闲区、山海广场区、农业生态旅游度假区和滨海嬉水观光区的功能分区特点明晰。各功能分区主要利用方向和主体功能度指数见表 5-1。

表 5-1 月亮湾旅游休闲娱乐区各功能分区利用方向和主体功能度指数

序号	功能分区名称	功能分区利用方向	主体功能度指数
1	月亮湖公园	湖泊水面、绿地、儿童游乐设施	0.89
2	高尔夫休闲区	高尔夫球场绿地	0.76
3	山海广场区	景观广场、道路、旅游场馆、绿地	0.68
4	农业生态旅游度假区	农田、园林、草地、养殖池塘等	0.65
5	滨海嬉水观光区	海面、沙滩、嬉水潮滩	0.77
总体	月亮湾旅游休闲娱乐区	景观广场、沙滩、海面、绿地、园林等	0.74

月亮湾海岸空间整理工程实施后，月亮湾旅游休闲娱乐区主要利用方向为景观广场、沙滩、海面、绿地、园林、旅游基础设施及道路，总体主体功能度指数为 0.74。在 5 个功能分区中，月亮湖公园以月亮湖水面、乔木绿地及儿童游乐设施为主要利用方向，与水上游乐公园利用方向较为一致，主体功能度指数最高，为 0.89；滨海嬉水观光区受填海造地、游艇基地建设、渔港设置等工程建设的影响，海面空间比例有所降低，主要利用方向为海面、沙滩、嬉水潮滩，与功能分区的主体功能也较为一致，主体功能度指数为 0.77；高尔夫休闲区以高尔夫球场绿地利用为主，主体功能度指数为 0.76；山海广场区主要利用方向为景观广场、旅游场馆、绿地，由于还有一定比例的农田区域美化工程尚未涉及，其与旅游景观广场区的主体功能不一致，主体功能度指数为 0.68。农业生态旅游度假区主要利用方向包括农田、园林、草地、养殖池塘、道路等，草地为荒草地，养殖池塘为废弃的水产养殖池塘，这些利用方向与农业生态旅游度假区的主体功能不一致，主体功能度指数最小，为 0.65。

（三）海岸景观格局美化效果评估

月亮湾海岸景观格局美化工程实施前（2005 年），月亮湾海岸景观类型共 13 种，总体景观多样性指数为 56.31。在 5 个功能区分区中，高尔夫休闲区景观多样性指数最高，为 17.96；之后依次为滨海嬉水观光区，15.86；山海广场区，10.65；

农业生态旅游度假区，9.47；月亮湖公园景观多样性指数最小，仅为 1.85。月亮湾海岸景观格局美化工程完成后（2015 年），月亮湾海岸总体景观多样性指数为63.54。5 个功能分区的景观多样性指数都有较大幅度的提高，滨海嬉水观光区景观多样性指数最高，为 35.21；其次为高尔夫休闲区和农业生态旅游度假区，景观多样性指数分别为 26.93 和 25.15；山海广场区景观多样性指数为 17.01；以前景观多样性指数最小的月亮湖公园也提高到 13.16。对比分析月亮湾海岸景观格局美化前后（图 5-3，图 5-4），月亮湾旅游休闲娱乐区总体景观多样性系数为 1.13，景观变化指数为 0.30。月亮湖公园的景观多样性改善效果最好，景观多样性系数高达 7.11，景观格局美化工程改变了 32% 的原有景观，景观变化指数为 0.32。农业生态旅游度假区景观多样性改善效果次之，景观多样性系数为 2.66，景观格局

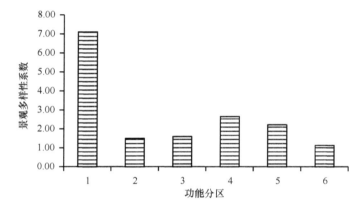

图 5-3　各功能分区景观多样性系数

1. 月亮湖公园；2. 高尔夫休闲区；3. 山海广场区；4. 农业生态旅游度假区；
5. 滨海嬉水观光区；6. 月亮湾旅游休闲娱乐区总体

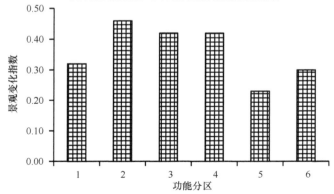

图 5-4　各功能分区景观变化指数

1. 月亮湖公园；2. 高尔夫休闲区；3. 山海广场区；4. 农业生态旅游度假区；
5. 滨海嬉水观光区；6. 月亮湾旅游休闲娱乐区总体

美化工程改变了超过 40% 的原有景观，景观变化指数为 0.42。滨海嬉水观光区景观多样性改善效果也较好，景观多样性系数为 2.22，景观格局美化工程改变了部分海岸景观类型，景观变化指数为 0.23。山海广场区和高尔夫休闲区景观多样性改善效果最小，景观多样性系数分别为 1.60 和 1.50，景观格局美化工程都改变了 40% 以上的原有景观，景观变化指数分别为 0.42 和 0.46。

第三节　海岸沙滩养护效果监测与评估

沙滩不仅是一种海岸地貌形态，更是一种重要的滨海旅游休闲娱乐资源，可为旅游休闲娱乐者提供舒适的滨海休憩、游泳、娱乐等亲水场所，是滨海城市重要的海洋旅游资源。但在我国，随着海岸人类活动的不断加剧，许多海岸沙滩都面临着沙滩侵蚀、泥化、石化等退化问题，沙滩资源退化已严重影响了以滨海沙滩旅游休闲娱乐为主的滨海旅游产业的健康发展。近年来，沙滩修复养护成为海岸沙滩退化问题的重要解决途径，越来越受到国内外学者与管理部门的重视（Ma et al.，2014；Cao et al.，2017）。沙滩养护效果评估是对沙滩养护工程效果的综合监测分析与评估，它一方面可以客观评估沙滩养护工程实施的实际效果，另一方面也是检验沙滩养护工程技术方案的重要环节。GIS 技术是一种十分有用的地理空间分析技术，广泛应用于地表空间监测评估、规划、管理等多个领域，取得了较好的应用效果（恽才兴，2005；Shal and Tate，2007）。本节构建了基于 GIS 技术的沙滩养护效果评估指标与评估方法，并开展了实践应用研究，希望为沙滩养护效果评估提供可行的理论依据与技术方法。

一、沙滩养护效果监测方法

沙滩养护效果评估分为沙滩养护效果评估和潮滩养护效果评估。沙滩是指平均大潮高潮线以上覆盖砂粒的区域，潮滩指平均大潮高潮线至平均小潮低潮线之间的区域。沙滩养护效果评估主要评估沙滩维持面积、沙滩维持厚度和沙滩物质组成；潮滩养护效果评估主要评估潮滩侵淤情况、潮滩底质组成和适宜嬉水娱乐区域的面积。在沙滩养护工程完成后运营一段时间后，开展沙滩养护效果调查与监测。将沙滩养护海岸按照养护后的沙滩特征划分为若干个调查单元，在每个调查单元中间沿垂直海岸线方向设置调查断面一条。在每个调查单元分别调查潮上带沙滩宽度、沙滩厚度、沙滩物质组成；潮间带的潮滩剖面高程、潮滩宽度、潮滩底质物质组成。

潮滩高程调查采用断面测量法，测量范围为从平均大潮高潮线起到−2m 等深线。高程和地理位置采用 RTK 定位仪测量，水深采用单波束测深仪与 RTK 定位仪联合测量。物质组成调查采用采样法，沿每个调查断面布设采样点，采样点间距为 20m。粒度采用 LS13320 型激光粒度分析仪测量，样品简要制备流程如下：①使用样品勺均匀采取适量样品至小烧杯中，样品量尽可能满足仪器遮蔽率在

8%～12%；②加入 30ml 纯水浸泡样品，用玻璃棒搅拌样品至分散，待上层液澄清后移去上层液，反复 2～3 次；③在烧杯中加入数滴 0.5mol/L 六偏磷酸钠，使用超声波清洗机将样品超声分散；④将上述样品冲洗至样品池中，运行 40s 后完成样品测试。

潮上带沙滩厚度采用探杆测量法测量，在每一调查单元，随机设置调查样点 5 个，将 1.50m 的探杆深插入沙滩，提取沙滩剖面，测量每一调查样点的沙层厚度，每一调查单元的沙层厚度取 5 个调查样点的平均值。

二、沙滩养护效果评估方法

（一）沙滩面积系数

根据实际调查，游客休憩于沙滩时主要是下海游泳和观赏海面景色，所以基本上都集中于沙滩水边线 200m 以内，在 200m 以外沙滩休憩的游客极少。因此以沙滩 200m 宽度作为沙滩评估的上限，200m 以上宽度等同于 200m 宽度。采用沙滩长度与沙滩宽度的乘积作为沙滩评估的基本因素。采用沙滩面积系数评估沙滩养护工程对沙滩的改善效果，沙滩面积系数计算方法如公式 5-2。

（二）沙滩厚度指数

养护完好的沙滩会因风力、人力等作用被搬离原地，导致养护沙滩厚度降低。厚度不足的沙滩会影响游客在沙滩上游乐休憩的舒适度。为客观评估养护沙滩的厚度变化，本节采用探杆在每个调查单元随机测量 16 个样点的沙滩厚度，取平均值作为本调查单元的沙滩厚度值，并构建沙滩厚度指数如下：

$$H_s = \frac{\sum_{i=1}^{16} h_i}{16h_0} \tag{5-8}$$

式中，H_s 为沙滩厚度指数，h_0 为沙滩养护工程的填沙厚度，h_i 为第 i 个测量点的沙滩探测厚度。

（三）底质指数

根据对多项沙滩养护工程的调查，沙滩养护工程的补沙粒径多为原沙滩沙源粒径的 1.0～1.5 倍。为了定量评估沙滩养护工程实施后潮滩底质物质的改变程度，本节构建了潮滩底质指数，计算方法如下：

$$SH = \frac{\sum_{i=1}^{n} \frac{w_{is}}{w_{i0}}}{N} \tag{5-9}$$

式中，SH 为底质指数，N 为采样总数量，w_{is} 为粒径 0.4～0.6mm 的沙粒干重，w_{i0} 为采样砂粒总干量。

（四）潮滩侵淤指数

潮滩侵淤是海岸沉积颗粒物在水动力作用下向海或向陆运移的过程，潮滩沉积物向海运移会导致潮滩高程、宽度、坡度、组成物质等特征发生显著变化，形成潮滩侵蚀；海底或外海沉积物向陆运动并堆积于潮滩，导致潮滩高程、宽度、坡度、组成物质等特征发生显著变化，形成潮滩淤积（Green et al.，1996；Munyati，2000）。为了定量分析评价潮滩侵淤的程度，采用潮滩剖面曲线描述潮滩侵蚀或淤积所引起的滩面形态变化（图 5-5）。

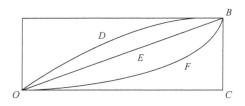

图 5-5　砂质海岸修复潮滩剖面形态分析图

图 5-5 为潮滩剖面形态图，O 点为低潮线，B 点为高潮线，沙滩养护工程一般采取人工补沙方式向潮滩填补沙粒，使潮滩坡度均匀平滑，形如图 5-5 中 OEB 线。当沙滩养护工程实施完成后，填补的砂粒在海湾潮汐、波浪等水动力作用下，会发生侵蚀或淤积。当潮滩发生侵蚀时，滩面下凹，形如图 5-5 中 OFB 线。当潮滩发生淤积时，滩面上凸，形如图 5-5 中 ODB 线。为了定量描述沙滩养护工程实施后的潮滩侵淤程度，以沙滩养护工程实施后的平滑潮滩剖面形态为基准，构建潮滩侵淤指数如下：

$$Q_i = \frac{S_{OFBC}(S_{ODBC})}{S_{OEBC}} \tag{5-10}$$

式中，Q_i 为第 i 剖面的潮滩侵淤指数，S_{OEBC} 为图 5-5 中直角三角形 OBC 的面积，S_{OFBC} 为图 5-5 中 OFBC 区域的面积，S_{ODBC} 为图 5-5 中 ODBC 区域的面积，$Q_i \leqslant$ 1.0 为潮滩侵蚀，$Q_i \geqslant 1.0$ 为潮滩淤积。

（五）适宜游乐区系数

潮滩是沙滩海岸游客游泳嬉水、掘贝挖螺娱乐活动的主要场所。在适宜水深范围内的海域面积越大，尤其是临岸适宜游泳娱乐的水域面积越大，其游客承载力越高。因此，以离岸 500m 范围内等深线 2m 以浅的海域面积作为适宜游泳娱乐的水域面积。采用适宜游乐区系数来评估沙滩养护工程对海洋游泳娱乐功能的改善效果。适宜游乐区系数计算方法如公式 5-3。

（六）沙滩养护效果综合评估

采用层次分析法（analytic hierarchy process，AHP），将海岸养护效益评估目标分解成沙滩养护效果评估和潮滩养护效果评估，沙滩养护效果评估指标包括沙滩面积系数、沙滩厚度指数和沙滩底质指数，潮滩养护效果评估指标包括潮滩适宜游乐区系数、潮滩侵淤指数和潮滩底质指数。沙滩面积系数的计算参数包括沙滩养护工程实施前后的沙滩岸段长度与宽度；沙滩厚度指数的计算参数包括沙滩养护工程的填沙厚度和沙滩养护工程实施后的沙滩探测厚度；沙滩底质指数计算参数包括粒径 0.4~0.6mm 的沙粒样品干重和砂粒样品总干重；潮滩侵淤指数的计算参数包括沙滩养护工程的补沙剖面面积和沙滩养护工程实施一年后的剖面面积；适宜游乐区系数计算参数包括沙滩养护工程实施前后适宜游乐区水域的面积及个数。

通过对各层次不同要素进行两两比较，判断其相对重要性，构造出判断矩阵，通过对各层次要素进行分解和综合计算，确定评估目标最终的决策方案（Muradian et al.，2010）。在以上单个指标评估的基础上，在 ArcGIS Desktop 的支持下，构建每个评估指标的评估图层，采用空间叠加的方法计算沙滩养护指数，方法如下：

$$BC_s = (C_s + H_s + SH_s) / 3 \tag{5-11}$$

$$BC_c = (Q_i + CB_c + SH_c) / 3 \tag{5-12}$$

$$BC_t = (BC_s + BC_c) / 2 \tag{5-13}$$

式中，BC_s 为沙滩养护指数，BC_c 为潮滩养护指数，BC_t 为海岸综合养护指数，SH_s 为沙滩底质指数，SH_c 为潮滩底质指数，H_s 为沙滩厚度指数，CB_c 为适宜游乐区系数，C_s 为沙滩面积系数，Q_i 为第 i 剖面的潮滩侵淤指数。

三、营口市月亮湾沙滩养护效果评估实践应用

（一）营口市月亮湾沙滩养护工程及监测

营口市月亮湾是辽东湾东岸典型的岬湾型砂质海岸，沙质细软，以细沙、粉沙为主，是辽东半岛著名的沙滩浴场之一，也是公众观海、亲海的乐园。由于鲅鱼圈港区建设、熊岳河入海泥沙量减少等，月亮湾砂质海岸岸滩侵蚀问题比较突出。为了将月亮湾海岸打造成集海水浴场、海面踏浪、海岸休闲于一体的滨海休闲娱乐带，营口市人民政府结合国家海岸整治修复工程，在月亮湾海岸实施沙滩养护工程。在月亮湾沙滩养护工程完成后的 2016 年 3 月，开展沙滩养护效果调查

与监测。将月亮湾沙滩养护海岸按照养护后的沙滩特征划分为 12 个调查单元，在每个调查单元分别调查潮上带沙滩宽度、沙滩厚度、沙滩物质组成；潮间带的潮滩剖面高程、潮滩宽度、潮滩底质物质组成。

（二）沙滩养护效果分析

采用本节的沙滩养护效果评估方法开展月亮湾沙滩养护效果监测与评估。图 5-6 为研究区 12 个评价单元的沙滩养护指数分布图。可以看出，沙滩养护指数大于 0.70 的只有 9#单元，沙滩养护指数为 0.732；沙滩养护指数介于 0.600～0.699 的有 8#单元、6#单元和 7#单元，沙滩养护指数分别为 0.681、0.641 和 0.622；沙滩养护指数介于 0.500～0.599 的有 3#单元、2#单元和 5#单元，沙滩养护指数分别为 0.566、0.513 和 0.502；沙滩养护指数介于 0.400～0.499 的有 1#单元、4#单元、10#单元和 11#单元，沙滩养护指数分别为 0.455、0.437、0.411 和 0.401；12#单元的沙滩养护指数最小，仅为 0.372。月亮湾沙滩养护效果整体表现为海湾中部沙滩养护效果相对比较好，而远离海岸中部观景平台的东、西两侧沙滩养护效果相对较差，尤其是靠近鲅鱼圈港区的东部 3 个单元，沙滩养护效果最差。

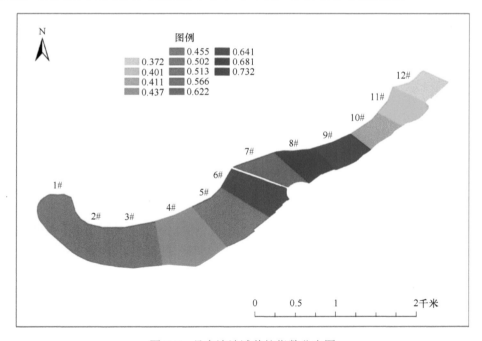

图 5-6 月亮湾沙滩养护指数分布图

分析构成沙滩养护指数的沙滩面积系数、沙滩厚度指数和沙滩底质指数（表 5-2），可以看出，沙滩养护指数较大的 9#单元、8#单元和 6#单元中，9#单元和 8#单元的沙滩面积系数分别为 1.00 和 0.88，是沙滩面积养护最好的两个单元；6#单元的沙滩底质指数最高，为 0.92；这 3 个单元的沙滩厚度指数也较高，分别达到 0.82、0.64 和 0.84，说明月亮湾沙滩养护工程在 9#单元和 8#单元沙滩面积养护最好，在 6#单元沙滩底质保持最好，在沙滩厚度方面 3 个单元保持得都较好。沙滩养护指数最小的 12#单元、11#单元和 10#单元中，沙滩面积系数都较小，分别仅为 0.02、0.09 和 0.15；而沙滩底质指数都不高于 0.32；沙滩厚度指数在 0.80 左右，说明月亮湾沙滩养护工程在海湾东侧不仅沙滩面积上扩展很少，沙滩底质变化也很大，沙滩厚度减少了 20%左右。

表 5-2 月亮湾海岸养护指标分布

调查单元	沙滩面积系数	沙滩厚度指数	沙滩底质指数	潮滩侵淤指数	潮滩底质指数	适宜游乐区系数
1#	0.25	0.80	0.32	1.00	0.98	0.36
2#	0.48	0.92	0.14	0.83	0.99	0.67
3#	0.45	0.85	0.40	0.57	0.97	0.76
4#	0.20	0.51	0.60	0.38	0.94	0.73
5#	0.30	0.70	0.51	0.60	0.96	0.76
6#	0.16	0.84	0.92	0.59	0.97	0.80
7#	0.55	0.80	0.52	0.60	0.94	1.00
8#	0.88	0.64	0.52	0.61	0.96	0.93
9#	1.00	0.82	0.37	0.70	0.87	0.89
10#	0.15	0.76	0.32	0.22	0.97	0.89
11#	0.09	0.81	0.31	0.34	0.98	0.96
12#	0.02	0.82	0.27	0.51	0.93	0.86

（三）潮滩养护效果分析

图 5-7 为月亮湾潮滩养护指数分布图，可以看出，月亮湾潮滩养护指数都在 0.68 以上，其中 7#单元、8#单元、2#单元和 9#单元的潮滩养护指数都在 0.80 以上，分别为 0.847、0.832、0.829 和 0.819。潮滩养护指数介于 0.700～0.799 的分别为 6#单元、1#单元、5#单元、3#单元、12#单元和 11#单元，潮滩养护指数分别为 0.787、0.780、0.770、0.765、0.764 和 0.760。只有 10#单元和 4#单元的潮滩养护指数小于 0.700，分别为 0.692 和 0.683。潮滩养护指数整体高于沙滩养护指数。在空间分布上，靠近海湾中部观景平台堤坝北侧的 3 个单元养护效果相对较好，而远离海湾中部观景平台堤坝的海湾东侧 3 个单元潮滩养护效果相对较差，这与沙滩养护指数的空间分布格局基本一致。

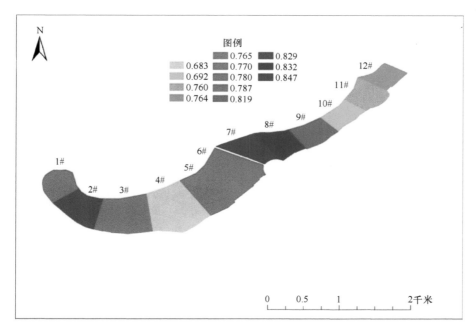

图 5-7 月亮湾潮滩养护指数分布图

构成潮滩养护指数的潮滩侵淤指数、适宜游乐区系数和潮滩底质指数中（表 5-2），潮滩养护指数最高的 7#单元和 8#单元的适宜游乐区系数最大，分别达到 1.00 和 0.93；潮滩底质指数也较高，分别达到 0.94 和 0.96。2#单元的潮滩底质指数最大，达到 0.99；潮滩侵淤指数仅次于 1#单元，为 0.83；适宜游乐区系数也达到 0.67；故此 2#单元的潮滩养护指数达到 0.829，仅次于 7#单元和8#单元。潮滩养护指数较低的 4#单元、10#单元、11#单元和 12#单元中，潮滩侵淤指数都比较小，分别为 0.38、0.22、0.34 和 0.51，整体拉低了各自的潮滩养护指数。

（四）海岸综合养护效果分析

图 5-8 为月亮湾海岸综合养护指数分布图，可以看出，处于月亮湾海湾中部的 9#单元、8#单元、7#单元和 6#单元的海岸综合养护指数都在 0.70 以上，海岸养护效果最好，为Ⅰ级，海岸综合养护指数分别为 0.775、0.756、0.735 和 0.714。2#单元、3#单元、5#单元和 1#单元的海岸综合养护效果仅次于Ⅰ级单元区域，海岸综合养护指数介于 0.600～0.699，分别为 0.671、0.666、0.636 和 0.617。而 11#单元、12#单元、4#单元和 10#单元的海岸综合养护效果相对较差，海岸综合养护指数均小于 0.600，分别为 0.581、0.568、0.560 和 0.552。月亮湾海岸养护工程综合效果整体较好，在空间上，处于月亮湾海湾中部的 6#单元、7#单元、8#单元和

9#单元的海岸综合养护效果最好，而海湾东侧的 10#单元、11#单元、12#单元和中西部的 4#单元的海岸综合养护效果相对较差。

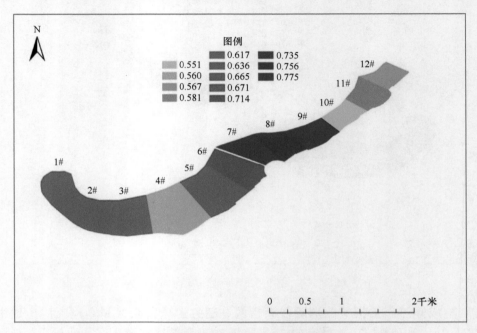

图 5-8　月亮湾海岸综合养护指数分布图

本 章 小 结

滨海旅游业已成为我国当前用海/用岸的主要海洋产业类型，也是海岸带综合管理的主要产业类型之一。本章从滨海旅游区空间结构分析和主要滨海旅游资源的影像特点归纳入手，首先针对滨海旅游区开发建设效果评估的技术需求，通过卫星遥感影像监测滨海旅游区开发建设前后的景观格局，研究建立了滨海旅游区开发建设效果评估指标及其计算分析方法；其次针对滨海旅游区沙滩养护效果监测评估的技术需求，研究建立了沙滩养护效果监测方法和基于 GIS 技术的沙滩养护效果空间叠加分析评估方法。在方法探索的基础上，选取营口市月亮湾滨海旅游区，分别开展了开发建设效果综合评估实践应用研究和沙滩养护效果空间差异性监测与评估实践应用研究，希望能够为滨海旅游区遥感监测与评估工作提供参考。

第六章

海水养殖区遥感监测与评估

第一节 基于光谱与纹理信息的浮筏养殖遥感监测技术

浮筏养殖是在浅海海区利用旧船、绳索、锚、浮筒、竹竿、玻璃或塑料浮子等器材制成平台式、延绳式等各种类型的筏架,进行大型藻类、贝类及其他水产动植物的养殖活动。浮筏养殖分布范围广,养殖面积大且分散,采用常规的监测方法不仅要耗费大量的人力物力,而且监测结果的准确翔实程度低(初佳兰等,2008)。卫星遥感技术具有覆盖范围广、多时相、周期短等特点,是开展大范围浮筏养殖同步监测的有效手段,对于掌握浮筏养殖用海时空动态特征,编制养殖用海规划,优化养殖用海空间秩序具有重要的意义。

一、浮筏养殖卫星遥感监测方法

(一)遥感监测数据

浮筏养殖用海遥感监测可采用 Landsat TM/ETM 遥感影像、环境减灾卫星遥感影像、中巴资源卫星遥感影像、Spot-5 卫星多光谱遥感影像和 SAR 微波遥感影像等多源卫星遥感影像。Spot-5 卫星影像的波段设置为全色、绿、红、近红外、短波红外,有较高的空间分辨率。其中,绿波段对海水的穿透能力较强,对浮筏信息的反应最为敏感;SAR 微波遥感影像,分辨率为 5m,优点是对光照条件不敏感,也不受云层覆盖的影响,可全天候、全天时提供高分辨率的遥感影像。

(二)各类卫星遥感影像对浮筏养殖用海的识别能力分析

分别开展 Landsat TM/ETM 遥感影像、环境减灾卫星遥感影像、中巴资源卫星遥感影像、Spot-5 卫星遥感影像的浮筏养殖用海信息识别能力分析。比较分析同一卫星遥感影像数据源在不同地区(图 6-1,图 6-2)和同一地区不同卫星遥感影像数据源(图 6-3,图 6-4)对浮筏养殖用海信息的识别能力。

可以看出,相同卫星遥感影像数据源对浮筏养殖的识别能力有所不同,Landsat TM 卫星遥感影像对近岸的浅海紫菜、海带等的浮筏养殖有一定的识别能力,对以扇贝养殖为主的长海县其他浮筏养殖信息的识别能力较弱;Spot-5 卫星遥感影像对近岸浅水养殖有一定的识别能力。分析其原因:一是不同地区的养殖类型有所不同,因此所反映出的光谱特征也有所不同;二是海水质量影响光谱反射程度,大连大长山岛海域的水质状况明显好于其他两地近岸的浮筏养殖区,因

a. 辽宁大连金州　　　　　　　b. 辽宁大连大长山岛　　　　　　c. 浙江温州大渔湾

图 6-1　Spot-5 卫星绿光波段遥感影像

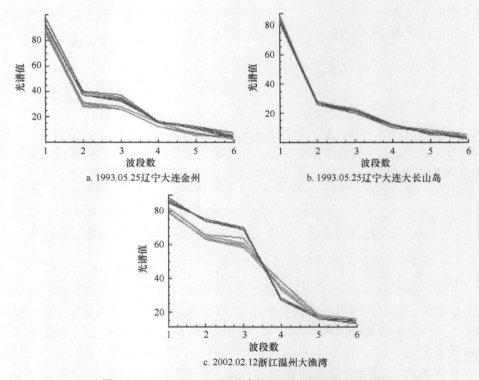

a. 1993.05.25辽宁大连金州　　　　　　　　b. 1993.05.25辽宁大连大长山岛

c. 2002.02.12浙江温州大渔湾

图 6-2　Landsat TM 卫星遥感数据浮筏养殖光谱曲线图

此 Landsat TM 卫星遥感影像中的浮筏养殖信息得以显现，Spot-5 卫星遥感影像的识别结果也与其他两地有一定的差异；三是获取数据的时间不同，浮筏养殖的特点是定时分苗、根据水温调整吊笼深度，收获的季节要求也因养殖对象而有所不同。以上这些因素有可能影响卫星遥感影像对浮筏养殖用海信息的识别。

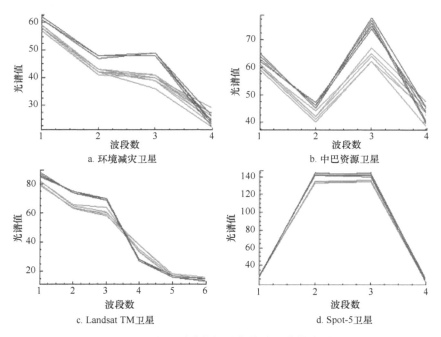

a. 环境减灾卫星　　　　　　　　　　b. 中巴资源卫星

c. Landsat TM卫星　　　　　　　　　　d. Spot-5卫星

图 6-3　多源遥感数据浮筏养殖光谱曲线图

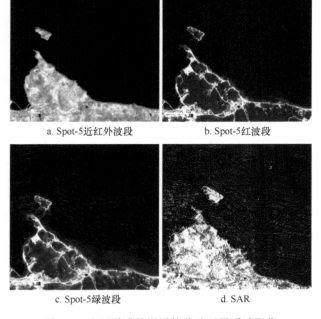

a. Spot-5近红外波段　　　　　　　　b. Spot-5红波段

c. Spot-5绿波段　　　　　　　　　　d. SAR

图 6-4　多源遥感数据浮筏养殖卫星遥感影像

通过上述分析可以看出，中分辨率的环境减灾卫星遥感影像、中巴资源卫星遥感影像、Landsat TM 卫星遥感影像及高分辨率的 Spot-5 卫星遥感影像均可用于浮筏养殖的信息识别。绿波段对海水的穿透能力较强，对浮筏养殖信息的反应最为敏感；红波段是叶绿素的主要吸收波段，同时也是信息量最大的波段，此波段也能够反映浮筏养殖信息。但部分海水信息成为浮筏养殖信息的干扰项，水体在近红外和中红外波段的反射能量很少，使得水体在这两个波段上呈现出暗色调，同时养殖区在这两个波段上也同样呈现出暗色调，因此这两个波段的海水和养殖区没有明显区别。

养殖区类型各异，不同分辨率影像呈现的光谱特征也不尽相同，因此，在算法研究中，对不同卫星遥感影像数据源在不同地区的浮筏养殖信息提取，有必要加入人工干预，以得到更好的识别效果。

（三）浮筏养殖用海卫星遥感监测技术处理

（1）影像增强

遥感影像增强技术是将原来不清晰的遥感影像变得清晰，或强调某些关注的特征、抑制非关注的特征，改善影像质量，丰富影像信息量，增强遥感影像判读和识别效果的遥感影像处理方法。根据浮筏养殖信息在遥感影像中的特点，以及多种方法试验，重点分析图像增强方法（包括直方图均衡化拉伸、纹理分析等）对遥感影像中浮筏养殖信息的增强效果。

直方图均衡化拉伸方法的优势在于增加监测区域养殖用海信息与海水信息的对比度。将直方图均衡化拉伸所得结果输出保存，作为纹理分析用数据。具体操作如下。

第一步是统计直方图每个灰度级出现的次数，第二步是累计归一化的直方图，第三步是计算新的像素值。

第一步：

```
for（i=0；i<height；i++）{
    for（j=0；j<width；j++）{
        n[s[i][j]]++;
    }
}
 for（i=0；i<L；i++）{
    p[i]=n[i]/（width*height）;
}
```

这里，$n[i]$ 表示的是灰度级为 i 的像素的个数，L 表示的是最大灰度级，width 和 height 分别表示的是原始图像的宽度和高度，所以，$p[i]$ 表示的就是灰度级为 i

的像素在整幅图像中出现的概率（其实 $p[i]$ 这个数组存储的就是这幅图像归一化之后的直方图）。

本算法的概率统计，可以自灰度为 1 至 L 进行统计，即 "for（i=1；i<L；i++）"。

第二步：

```
for（i=0；i<=L；i++）{
    for（j=0；j<=i；j++）{
        c[i]+=p[j]；
    }
}
```

c[i]这个数组存储的就是累计的归一化直方图。

第三步：

```
max=min=s[0][0]；
for（i=0；i<height；i++）{
    for（j=0；j<width；j++）{
        if（max<s[i][j]）{
            max=s[i][j]；
        }else if（min>s[i][j]）{
            min=s[i][j]；
        }
    }
}
```

找出像素的最大值和最小值。

根据实际情况确定最大值和最小值。由于本算法中 0 代表被掩模的陆地区域，因此算法中将直方图的最大值设定为 255，最小值设定为 1。

```
for（i=0；i<height；i++）{
    for（j=0；j<width；j++）{
        t[i][j]=c[s[i][j]]*（max–min）+min；
    }
}
```

$t[i][j]$ 就是最终直方图均衡化之后的结果。图 6-5 为原图与直方图均衡化拉伸结果的对比。

（2）纹理特征分析

应用灰度共生矩阵纹理特征分析方法对增强后的影像进行统计，计算出各种纹理特征参数，为了使纹理特征量具有旋转稳定性，同时降低特征空间的维数，在计算过程中，由于浮筏养殖信息具有水平条带的特点，为此选取 45° 和 135° 下

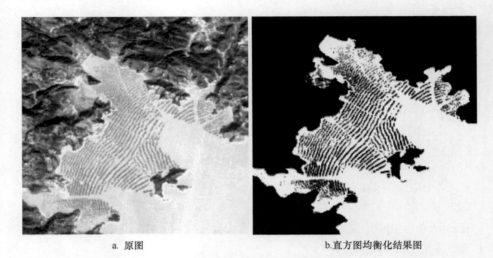

a. 原图   b.直方图均衡化结果图

图 6-5   原图与直方图均衡化结果图对比

的共生矩阵导出的纹理参数进行方向平均,降低因统计方向引起的纹理参数变化。以浙江温州大渔湾的环境减灾卫星遥感影像为例(图 6-6),筛选 3×3 窗口的熵(entropy)作为参与运算的特征量。熵是影像所具有的信息量的度量,纹理信息也属影像信息。若遥感影像无养殖信息,均为海水,其灰度共生矩阵几乎为零阵,其熵值也接近于零。若影像中存在养殖信息,则该影像的熵值增大。

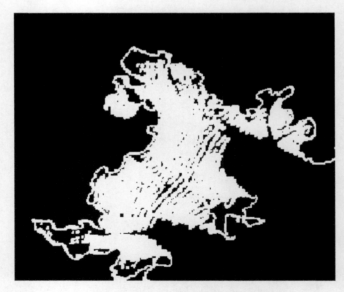

图 6-6   浙江温州大渔湾浮筏养殖用海纹理结构

（3）遥感影像滤波

通常每台浮筏长约百米，由浮子与绳索相连，下方为均匀间隔的吊笼等养殖用具，浮于海水中。在遥感影像中，数百台浮筏等间距排列，形成数百米乃至上千米的一组条带。浮筏相对于背景海面的角反射回波信号较强，所以在遥感影像中浮筏目标亮于海水，并呈有规律的条带状分布。由于条带分布均匀、形态特征显著，因此利用影像膨胀、腐蚀等原理进行边缘检测可取得较好的效果。为有效提取浮筏信息，需要剔除遥感影像中的干扰信息。例如，海水回波信号较弱，通常呈现大范围的暗色调；船只的回波信号较强，呈现较亮的点状；网箱的回波信号也很强，在遥感影像上通常呈现较亮的小片状。

为了去除微波遥感影像产生的斑点噪声，采用滤波算法对微波遥感影像进行处理。目前，比较实用的为自适应滤波方法，即根据对影像局部特征的判断，采用不同的滤波方法，同时保留小的散射点。对于滤波效果的评价，除目视细节的损失程度、亮区或暗区斑点的剩余情况之外，定量评价的参数主要有：影像均值 μ、标准差 σ、有效视数（effective number of looks，ENL）、相对标准差（relative variance，RV）等指标。其中有效视数的计算公式如下：

$$ENL = \sqrt{\frac{\mu}{\sigma}} \tag{6-1}$$

均值反映影像灰度的集中程度，滤波前后应保持不变；有效视数反映影像滤波效果，在综合考虑均值和相对标准差的前提下，有效视数越大，去除噪声的效果越好。

（四）浮筏养殖用海信息提取

根据浮筏养殖用海管理需求及其遥感监测技术特点，浮筏养殖用海遥感监测的内容主要包括浮筏养殖用海范围、浮筏养殖面积、吊笼总数。在 ENVI 遥感影像处理软件、ArcGIS 地理信息系统软件等平台上进行解译标志的建立、浮筏信息的识别与提取、现场样本的提取与分析、检测结果的分析与处理、浮筏养殖用海面积与浮筏数量的统计和精度评价等几部分，具体技术路线见图 6-7。

二、长海县浮筏养殖用海遥感监测实践应用

（一）遥感影像处理

本节选取长海县广鹿岛海域作为实践应用海域，采用 SAR 遥感影像监测浮筏养殖用海情况。为了去除浮筏信息提取过程中各种干扰信息的影响，需要选取适当的滤波方法对遥感影像进行去噪。常用的滤波分析方法有 Raw Image 滤波、Lee

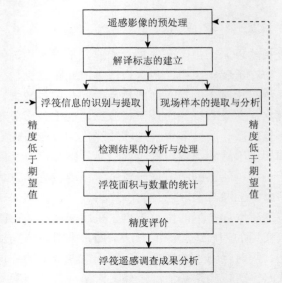

图 6-7　浮筏养殖监测的技术路线

滤波、Enhanced Lee 滤波、Frost 滤波、Enhanced Frost 滤波、Gamma 滤波、Kuan 滤波和 Local Sigma 滤波，为挑选合适的自适应滤波方法，本节采用 3×3 窗口和 5×5 窗口分别做 8 种滤波方法效果的对比，并统计有效视数（表 6-1，图 6-8）。Gamma 滤波在不同窗口大小的滤波结果中有效视数最高，因此选用 Gamma 滤波作为遥感影像去噪的滤波方法。

表 6-1　不同自适应滤波的有效视数统计

滤波方法	3×3			5×5		
	均值	标准差	有效视数	均值	标准差	有效视数
Raw Image	1982.807	2172.801	0.955	1982.807	2172.801	0.955
Lee	1967.769	1948.706	1.005	1971.691	1864.549	1.028
Enhanced Lee	1952.571	1681.653	1.078	1951.568	1466.904	1.153
Frost	1952.297	1693.747	1.074	1929.897	1473.740	1.144
Enhanced Frost	1955.026	1678.137	1.079	1929.647	1423.676	1.164
Gamma	1983.603	1678.301	1.087	1984.730	1398.522	1.191
Kuan	1969.697	1846.311	1.033	1982.737	1676.115	1.088
Local Sigma	1949.775	2095.376	0.965	1943.767	2015.852	0.982

（二）浮筏养殖信息的遥感影像提取

基于对浮筏养殖信息在遥感影像中的特征分析，结合遥感影像中各类地物的

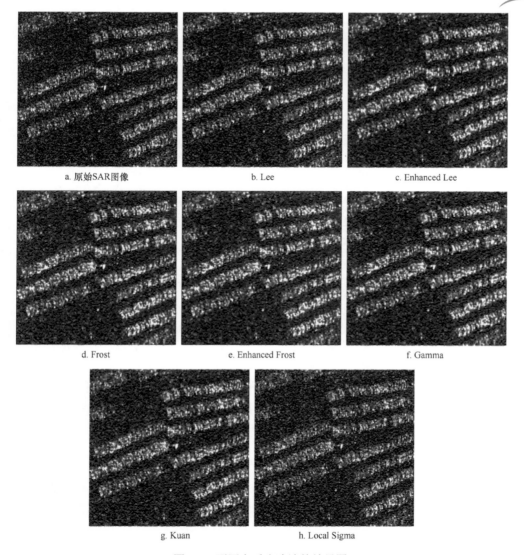

a. 原始SAR图像　　　　b. Lee　　　　c. Enhanced Lee

d. Frost　　　　e. Enhanced Frost　　　　f. Gamma

g. Kuan　　　　h. Local Sigma

图 6-8　不同自适应滤波的效果图

解译标志，在 GIS 软件平台中使用边缘检测算法对浮筏条带进行勾画，对浮筏养殖面积进行测算，这里统计的浮筏养殖面积是指提取的浮筏条带区域总面积。然后，以均匀取样为原则，结合浮筏在不同海区的分布特征，根据浮筏数和浮筏条带的长度预测浮筏间距及对应样区权值。图 6-9 为提取的浮筏示意图。

（三）现场调查样本获取与分析

　　获取现场验证样本的目的主要有两个，一是浮筏范围验证，二是浮筏间距验

图 6-9　提取的浮筏示意图

证。浮筏范围验证是沿着浮筏养殖区域的外边缘，采集 GPS 数据，并导入 GIS 软件平台，与已提取的浮筏信息及遥感影像进行比对，发现浮筏条带信息提取结果的误差较小；浮筏间距验证是均匀选取样点，尽量垂直于筏绳方向测量两浮筏的间距，将现场测量的浮筏间距与预测的浮筏间距进行比较，发现近海区浮筏间距的相对误差大，中远海区浮筏间距的相对误差小，实测点图见图 6-10。

（四）检测结果的分析与处理

经现场测量验证，浮筏间距通常在 4～12m，而 SAR 影像空间分辨率为 5m，所以浮筏的检测是在像元级别上进行的。从而导致在浮筏间距较小的情况下，检测误差较大；而在浮筏间距较大的情况下，检测误差较小。

浮筏间距的误差源于很多方面，例如，通常认为同一条带上的浮筏间距是相同的，但在海浪等自然条件影响下，同一条带上的浮筏间距不一定相同；另外存在因遥感影像分辨率限制而产生的混合像元现象等。虽然误差的产生是不可避免的，但是系统误差的出现是有规律的。例如，因遥感影像质量导致的目视结果与实测数据成比例出现偏差时，可采用最小二乘法拟合直线方程，对浮筏间距进行修正，以有效地校正监测结果。

在 GIS 软件平台下，对提取的条带状浮筏信息进行面积量算，同时计算条带的长度和宽度，在此基础上用条带的长度和浮筏间距计算浮筏总数，利用条带的宽度（即每台浮筏的长度）和吊笼间距计算吊笼总数。

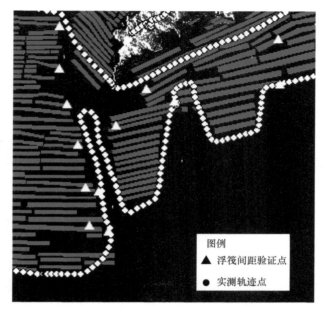

图 6-10　实测点示意图

（五）精度分析

　　采用遥感影像对浮筏养殖用海范围、用海面积的提取精度较高，可以满足浮筏养殖用海调查要求，并能清楚地反映整个长海海域浮筏的分布状况。采用最小二乘法拟合直线方程，修正目测浮筏间距，修正后的浮筏间距与实测浮筏间距的相对误差比较如下：4～6m 段修正前相对误差在 85.8%上下波动，修正后相对误差在 10.8%左右，明显降低；而 8～12m 段修正前的相对误差在 2.9%上下波动，修正后相对误差在 1.8%左右，也略有改善。因此，利用拟合直线方程进行修正能够满足应用需求，弥补因人为因素和遥感影像分辨率限制而导致的误差。浮筏间距精度提高，相应地，用其提取的浮筏数量、吊笼总数的精度也随之提高。

第二节　基于关联规则的裙带菜浮筏养殖遥感监测技术

　　裙带菜是我国北方海域浮筏养殖的主要产品之一，主要分布在辽宁省、山东省等近岸养殖海域，其中辽宁省近岸海域浮筏养殖的裙带菜已成为全省海水养殖的主导品种之一，并取得了较好的经济效益。裙带菜浮筏养殖监测是海洋行政主管部门加强水产养殖监管，制定海域使用规划、养殖用海规划等管理政策的主要依据。遥感技术的快速发展，为浮筏养殖用海信息的快速获取提供了新的途径，特别是卫星遥感技术，具有重复覆盖、覆盖范围大、成本低的优点。目前，应用遥感数据源进行养殖信息的识别，主要依赖人机交互式目视判读法，其优势是识别准确率高，但解译速度慢，人工成本高；也有学者应用高分辨率遥感影像，采取面向对象的分类方法，探索水产养殖信息的自动提取方法，但遥感影像数据源多、参数设置复杂等原因限制了浮筏养殖信息遥感业务化监测的应用。如何从海量的遥感影像中，提取出有用的浮筏养殖信息，是浮筏养殖遥感监测的关键问题。关联规则挖掘作为数据挖掘的重要方法，可对大量遥感影像进行关联分析，发现并提取出隐含的、人们事先不知道的、有潜在价值的信息和知识。关联规则挖掘以其特有的优势，在遥感影像地物分类中比传统的基于统计的分类方法发挥了更大的作用，可以有效地避免"同物异谱"和"异物同谱"现象造成的误分类，明显提高分类精度（初佳兰等，2012）。

　　本节采用关联规则挖掘的方法，探索半自动地从遥感影像中快速提取浮筏养殖裙带菜信息的实用方法。关联规则挖掘可以使分类知识的获取自动化与智能化，减少主观因素影响，提高识别的速度、客观性与自动化水平，实现多源遥感影像的智能化集成，从而扩大浮筏养殖信息遥感业务化监测的应用范围。

一、关联规则原理

　　关联规则是给定数据集中数据项之间的有趣联系。基于关联规则的分类就是利用数据挖掘的方法挖掘数据集中的类关联规则，再建立分类器，对未知类别数据进行预测（薄树奎，2007；Platt and Rapoza，2008）。关联规则挖掘过程主要包含两个阶段：第一阶段必须先从资料集合中找出所有的高频项目组（frequent itemset），第二阶段再由这些高频项目组产生关联规则。

关联规则定义如下：设 D 是事务集，$I = \{I_1, I_2, I_3, \cdots, I_m\}$ 是 D 中全体项组成的集合，其中一个事物 T 是一个项的集合，且 $T \subseteq I$，每个事务都与一个唯一标识符相联系，称为 TID。不同的事务一起组成事务集 D，它构成了关联规则发现的事务数据库。若 X、Y 为项集，且 $X \cap Y = \varnothing$，则蕴涵式 $X \Rightarrow Y$ 称为关联规则。关联规则的评价标准为支持度 S 和可信度 C。只有那些超过最低支持度阈值和最低可信度阈值的规则才称为强关联规则。支持度 S 是 D 中事务包含 $X \cup Y$ 的百分比 $P(X \cup Y)$，可信度 C 为 D 中包含 X 事务的同时也包含 Y 的百分比 $P(Y / X)$。它们的表达式分别为

$$S(X \Rightarrow Y) = P(X \cup Y) \tag{6-2}$$

$$C(X \Rightarrow Y) = P(Y / X) \tag{6-3}$$

根据关联规则中所处理值的类型，可分为布尔型关联规则和量化关联规则；根据规则中涉及的数据维，可分为单维和多维关联规则；根据规则集所涉及的抽象层，可分为单层和多层关联规则。

类别关联规则算法是采用 Apriori 算法挖掘训练集，用满足要求的关联规则来构造分类器，具体的步骤如下。

1）创建只包含类别属性的项集，且生成的类别频集的支持度 S 都大于最小支持度。这样，根据 k 个类别属性可以将数据库中的数据划分为 k 个子数据集。

2）对于 k 个子数据集，在每个子数据集内不需要再考虑类别属性，仅对剩余的属性应用 Apriori 算法寻找满足最小支持度的大项集。

3）扫描一次数据库，对找到的频繁大项集，计算各个频繁项集的支持度，计算出置信度 C，并排除那些低于最小置信度的频繁项集。

二、基于关联规则的裙带菜浮筏养殖遥感信息识别技术

基于关联规则的裙带菜浮筏养殖遥感信息识别方法主要包括裙带菜浮筏养殖区特征分析、基于关联规则的海水和养殖区分离知识的挖掘、基于规则知识的养殖信息提取 3 个步骤。首先对研究对象进行特征分析，了解目标信息的基本特征；其次，对海水和养殖区的分离知识进行挖掘，主要包括特征集的构建、样本库的建立和应用 Apriori 算法进行挖掘规则，发现适用于裙带菜浮筏养殖和海水分离的知识；再次，应用挖掘出来的知识对监测区域的遥感影像进行演绎推理，得到浮筏养殖区和海水分离的二值图，就可以提取出裙带菜浮筏养殖信息；依据其形态特征消除噪声斑块后，最终得到裙带菜浮筏养殖区专题图。具体技术流程见图 6-11。

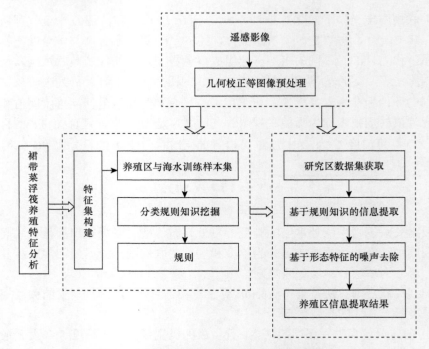

图 6-11　裙带菜浮筏养殖遥感信息提取流程图

三、裙带菜浮筏养殖遥感监测实践应用

（一）裙带菜浮筏养殖遥感影像特征分析

　　裙带菜浮筏养殖区的光谱特征受养殖密度、养殖物长势、距离水面高度等多方面因素的影响，而且裙带菜生长周期阶段不同，其养殖区光谱特征差异也比较大。另外，Landsat TM 遥感影像空间分辨率为 30m，其单个像元反映的浮筏养殖信息由浮筏设备、裙带菜、海水对电磁波的反射及辐射等混合而成，因而光谱也是以混合光谱为主。为了反映更为完整的裙带菜遥感影像特征，选取在裙带菜成熟期采集的遥感影像。裙带菜成熟期，裙带菜的浮筏养殖信息在遥感影像中的形态特征十分明显，一般每台浮筏长约百米，由浮子与绳索相连，下方为均匀间隔的筏绳等养殖用具，浮于海水中，数百台浮筏等间距排列，形成数百米乃至上千米的一组条带。结合遥感影像中浮筏养殖的形态特征和裙带菜养殖信息的光谱特征，以及已有的先验知识，可以使目视解译的结果相对准确，并可以此作为自动识别算法的验证依据。

（二）养殖区及背景地物的光谱特征分析

　　在应用数据挖掘方法进行裙带菜浮筏养殖信息的提取前，首先应做好数据集的准备工作，为了合理构建数据集，作为挖掘的基础，有必要对裙带菜浮筏养殖信息在遥感影像上的光谱特征进行分析。在遥感影像上选取海水样本 662 个，养殖样本 160 个，并分别求取样本均值进行光谱特征的分析，各波段的样本均值统计如表 6-2 所示，可以清晰地看出养殖区和海水在光谱特征方面存在的差异。

表 6-2　各波段光谱样本均值

波段	b1	b2	b3	b4	b5	b6	b7
养殖区	87.50	30.10	26.40	11.90	6.30	109.80	2.60
海水	89.73	31.47	24.30	10.83	6.60	109.70	2.63

由表 6-2 可见，养殖区在 b1、b2 波段上的值均比海水的低，在 b3、b4 波段上的值略高于海水的值。因此利用 b1、b2、b3、b4 的差值或者比值可以有效增大养殖区与海水的差异，也就是说，通过分析光谱特征来选取最佳波段或者构建波段组合，从而扩充数据源、丰富特征信息是可行的。

（三）特征集的构建

在利用数据挖掘算法发现关联规则时，仅依靠各波段的光谱信息，难免存在光谱信息相对单一或信息冗余的情况，所进行的养殖信息提取的精度也会不理想。只有有效数据源愈加丰富，挖掘出的规则和知识才能愈加完整。因此除选取原波段光谱特征外，还可选取图像增强结果进行特征集的构建。

（1）图像增强的特征集构建

根据裙带菜浮筏养殖在遥感影像中的特点，选取波段运算和高通滤波作为图像增强的特征集。根据对养殖区光谱特征的分析，选择绿波段、近红外波段进行比值波段运算，即 b2/b3，从而放大目标对象间的光谱特征差异；根据高通滤波可以将图像边缘增强的特点，有效地增强浮筏养殖条带的边界信息，且该方法简便易行，计算速度快。经过多种方法的比较试验，选用 9×9 窗口的高通滤波对 7 个波段数据进行处理，能显著增强浮筏养殖条带的边界信息，提高浮筏养殖条带与海水边界的可识别能力，有助于提升特征要素间的关联性，为挖掘数据间的关联规则做好准备。

（2）样本准备

遥感影像属于栅格数据，其空间属性就是不同光谱波段的像元灰度。选择 Landsat TM 数据的 b1、b2、b3、b4、b5、b6、b7 等 7 个光谱波段作为光谱特征属性，同时选取 b2、b3 的比值作为一项特征属性，再计算 7 个波段对应的高通滤波结果，作为 7 项统计特征属性。建立数据表将上述 15 种特征值从左到右依次排列，最后添加一列布尔型数据作为样本类别，0 代表海水，1 代表养殖区。这样一个包含 16 列属性值的数据集便构成了数据挖掘的基础数据。共选择了 11 302 个样本，其中海水样本为 8363 个，养殖样本为 2939 个。

（3）关联规则的挖掘

由于数据集中存在连续属性，无法直接用于数据挖掘，因此首先要对数据进行离散化处理。采用基于可辨识矩阵的离散化方法，对连续特征进行离散化。另外，数据特征集过多，会导致挖掘过程产生巨大的计算量，因此在挖掘前需要依据某种标准对特征集进行简化，从而使针对原特征集挖掘的任务转换为针对其特征子集的挖掘任务，且要达到同等效果。为此，应用距离测算的评价函数，从 15 个属性列组成的特征集中去除无关和冗余的特征，寻找由 11 个属性列组成的最优特征子集，从而可以更加高效地挖掘出结果。简化后的 11 个特征子集为：{b1，b2，b3，b4，b5，b7，b2/b3，high1，high2，high3，high6}。以 11 个特征子集及目标分类属性作为输入，通过 Apriori 算法进行规则的挖掘，并生成判别浮筏养殖区/海水的强关联规则，计算对应的支持度和置信度。应用 Apriori 算法进行关联规则挖掘时设定最小支持度为 10%和最小置信度为 70%的条件，并得到了关联规则结果（表 6-3）。挖掘得到的 16 条规则中，有 6 条 2-项集规则，7 条 3-项集规则，3 条 4-项集规则。以样本自身来验证，挖掘得到的规则误差为 10.01%。

表 6-3　挖掘出的类别关联规则

序号	规则	支持度/%	置信度/%
1	b3＜21.5->class=0	14.015	99.558
2	bizhi>=1.3191->class=0	15.484	99.314
3	high3=[-66.5，15.5) and bizhi=[1.2743，1.3191) ->class=0	10.733	99.340
4	b4＜10.5->class=0	16.953	99.165
5	high2=[-7.5，46.5) and b4=[10.5，11.5) ->class=0	12.122	98.540
6	high2>=46.5->class=0	18.076	98.336
7	b4=[10.5，11.5) and b3=[21.5，22.5) ->class=0	10.839	97.959
8	high1>=77.5->class=0	19.598	96.524
9	high3>=15.5 and b4=[10.5，11.5) ->class=0	14.546	95.377
10	high3=[-66.5，15.5) and high2=[-7.5，46.5) ->class=0	12.847	94.421
11	high3>=15.5 and high2=[-7.5，46.5) ->class=0	11.794	94.374
12	high6＜52.5 and b7＜4.5 and b4=[12.5，15.5) ->class=1	21.226	88.066
13	b7＜4.5 and b4=[12.5，15.5) ->class=1	22.483	87.222
14	b2=[28.5，30.5) ->class=1	26.889	78.138
15	high6＜52.5 and b7＜4.5 and b1=[85.5，89.5) ->class=1	36.268	74.911
16	high6＜52.5 and b7＜4.5 and b5=[6.5，9.5) ->class=1	45.125	72.529

（4）信息提取及噪声去除

在得到挖掘出的 16 条规则后（表 6-3），便可以将裙带菜浮筏养殖区从研究区域中提取出来，也就是在遥感影像上逐个像元地、按一定原则地应用 16 条规则进行推理分类的过程。

应用规则进行推理的原则主要是兼顾可信度与支持度的大小顺序，具体演绎推理遵循的原则如下。

1）如果只能匹配一条规则，应遵循该规则。

2）如果能匹配多条规则，应遵循最大置信度的规则。

3）如果能匹配多条规则且置信度也相同，那么应遵循样本支持度最大的规则。

4）如果没能匹配任何一条规则，应令其类别为默认类别——海水。

据此原则，在遥感影像上应用 16 条规则，便可以得到分类后的黑白二值结果图。在结果中会存在一些噪声，一部分噪声是由小斑块构成的，采用统计连续斑块像元个数的方法，将达不到最少有效像元个数的斑块则视为噪声；另一部分是大斑块噪声，主要存在于养殖区与海水交界的区域，根据浮筏养殖条带的形态特点进行剔除，并最终得到分类结果图。为了进行对比研究，采用相同的样本数据，进行最大似然分类。结果如图 6-12 所示，图中黑色斑块为养殖区结果。

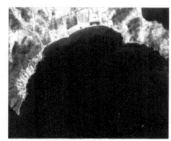  

a. Landsat TM绿波段遥感影像图　　b. 最大似然法结果图　　c. 关联规则法结果图

图 6-12　大连原始影像图与分类结果图

（5）提取结果分析

以目视解译结果作为依据对挖掘算法识别出的分类结果进行准确度分析，可以从点位准确度和面积准确度两方面进行准确度分析。就点位准确度而言，人工识别共提取养殖区斑块 310 块；最大似然法分类结果共识别斑块 114 块，有 5 个斑块未识别，31 个斑块误识别，点位准确度为 76.0%；关联规则法共识别 371 块，有 9 个斑块未识别，52 个斑块误识别，点位准确度是 85.88%。虽然最大似然法分

类结果的点位准确度略高于关联规则法，但从结果图中也可以看到，最大似然法
分类结果中养殖区条带间的海水部分误识别现象严重。在面积准确度方面，人工
识别结果为 512.74hm²，最大似然法分类结果为 757.31hm²，准确度仅为 52.3%；
关联规则法得到的结果为 596.57hm²，识别准确度为 83.65%；由此可以看出关联
规则法得到的分类结果明显优于传统的最大似然法。

第三节　面向对象的围海养殖遥感监测技术

　　围海养殖是通过修筑堤坝将海岸滩涂和浅水海域分割圈围起来进行海洋水产生物养殖的海岸开发利用活动。20世纪80年代中后期到90年代我国开展了大规模的围海养殖活动，全国围海养殖面积最高达到25.61万 hm²，成为一种重要的养殖用海类型和方式。卫星遥感技术，特别是高分辨率卫星遥感技术的快速发展，为围海养殖用海监测、评估与管理提供了可靠的数据来源。但是高分辨率卫星遥感技术发展也为围海养殖用海的业务化监测提出了更高的影像处理技术要求。传统的基于遥感影像像元的信息提取方法存在较多局限性，难以达到很好的分类效果。根据高分辨率遥感影像的特点，面向对象的遥感影像分类方法应运而生（Stow et al.，2007；Su et al.，2008）。相比之下，它突破了传统方法以像元为基本分类和处理单元的局限性，能较好地反映围海养殖斑块的多尺度和多特征的特点，更能接近人类理解现实地物的过程。虽然众多学者对面向对象方法在土地利用分类、建筑物或道路提取、植被分类、灾害评估等方面的应用进行了大量研究和试验（Shackford and Davis，2003；Cleve et al.，2008），但如何应用面向对象的分类方法开展围海养殖遥感监测的研究还较为缺乏，特别是针对围海养殖特点确定图像分割参数，以及在建立分类规则集时类别特征值的选择还存在较多的不确定性。因此，本节应用Spot-5卫星遥感影像，以海岸围海养殖为监测目标，通过对其进行尺度特征研究，以及光谱、形状、语义等多特征分析，建立一套基于面向对象分类方法的围海养殖信息提取技术流程，为提高围海养殖遥感监测工作的效率、准确性和自动化水平，促进国家海域使用动态监视监测管理系统的高效业务化运行提供技术支撑。

一、围海养殖遥感监测影像

　　采用Spot-5卫星遥感影像作为围海养殖信息提取的基本数据源。Spot-5卫星遥感影像全色波段空间分辨率为2.5m，波段范围为490～690nm，大小为4354×3232个像元；多光谱图像空间分辨率为10m，包含绿、红、近红外和短波红外4个波段。遥感影像的预处理主要包括辐射校正、几何校正、数据融合等，利用ENVI软件或ERDAS IMAGINE软件中的相应模块来完成。图像融合方法采用Ehlers融合，融合图像的波段1、波段2、波段3、波段4依次为绿、红、近红外和短波红外波段。

二、面向对象的围海养殖遥感影像分类技术流程

一个典型、完整的面向对象的遥感影像信息提取技术流程主要包括影像预处理、图像分割、特征分析及提取、分类、分类精度评价等步骤（Nuuyen et al.，2011；Zhang and Chen，2010）。海岸围海养殖海域一般是通过筑堤围割海域而进行养殖生产的海域，其内部构成主要是水体，该类用海方式往往会跟海洋水体、湖泊、入海河流、蓄水池、盐田等地物斑块相混淆（谢玉林等，2009）。经观察分析，围海养殖在大尺度空间分布上往往具有集中分布的特点，且养殖池周围的筑堤将其划分为网格状的面状地物。因此，可首先对影像进行一个较大尺度的分割，将围海养殖池塘集中分布区提取出来，同时剔除各种包含水体的混淆地物，然后再进行小尺度的分割，去除筑堤，以精确提取池塘斑块（徐京萍等，2013）。在此过程中，需首先对影像进行边缘提取，以优化图像分割效果。其具体技术流程见图 6-13。

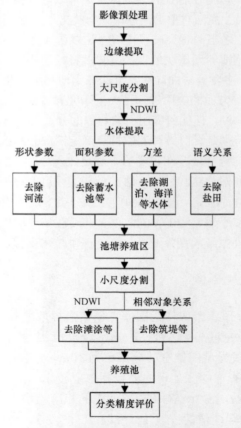

图 6-13　围海养殖信息提取技术流程图

归一化水指数（Normalized Difference Water Index，NDWI）

三、遥感影像尺度分割

针对围海养殖池塘特征进行两次图像分割。在大尺度分割中，首先基于融合图像的近红外波段，采用 Canny 算子进行图像边缘检测，以提取图像中的构筑物、填海造地外边界等线状地物；然后在 eCognition 8.0 软件中，将图像 4 个波段图层和提取的边缘图层权重均设置为 1，并比较不同尺度的分割结果，最终选择尺度值为 300 进行大尺度分割，以实现水陆分离（图 6-14）。

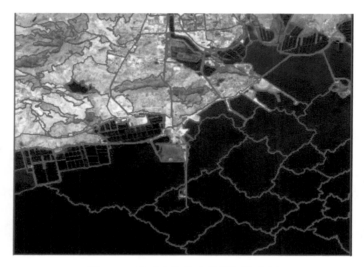

图 6-14　针对水体的大尺度图像分割

在小尺度图像分割中，采用平均分割评价指数（average segmentation evaluation index，ASEI）的方法来确定针对围海养殖池塘斑块的最优分割尺度。对于在不同分割尺度下的分割结果，使平均分割评价指数成为最大值的那个尺度即为最优分割尺度。选择两个典型的围海养殖集中分布区，利用 eCognition 8.0 软件，根据不同分割尺度所得结果计算平均分割评价指数，绘制评价指数随分割尺度增加而变化的曲线，结果如图 6-15 所示。从图 6-15 中可以看出，在尺度值为 45～50 时，曲线基本达到最高。因此，确定尺度值 50 为针对围海养殖用海方式的 Spot-5 遥感影像最佳分割尺度。图 6-16 显示了两个样区在尺度值为 50 时的分割结果。

四、特征分析及分类

在面向对象的遥感影像分类中，对象特征主要包括光谱特征、纹理特征、形状特征、语义特征、层次特征、专题特征等。一般而言，光谱特征最为重要，其

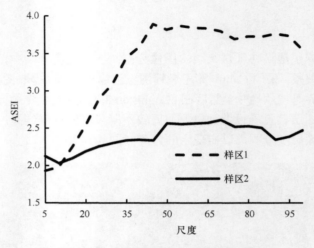

图 6-15　池塘养殖最优分割尺度选择

图 6-16　尺度值为 50 的两个池塘养殖样区分割结果

次是纹理特征和形状特征。围海养殖多是通过围割海水的方式来实现的，形成小面积、具有规则形状的地物斑块，并且在多数情况下，这些斑块内部的主要构成是海水（如池塘养殖、盐田、港池蓄水等），对于水体信息提取可通过构建归一化水体指数（normalized difference water index，NDWI）来实现（Saich et al.，2001）。因此，在围海养殖信息提取时，光谱特征最为重要，其次是形状特征和语义特征。

　　面向对象的遥感影像分类过程就是将一定图层上的对象与地物类别连接起来，使得每个影像对象被指定为一定的类别（Seto and Fragkias，2007）。对象类别的判定可通过基于规则集的模糊分类法来实现，即用一组特征来描述对象，并建立对象与类结构之间的关系和判别规则。表 6-4 显示了用于提取围海养殖池塘信息的规则集。首先，针对尺度值为 300 的分割对象，利用 NDWI 提取所有水域斑块，主要包括池塘养殖区、盐业用海区、河流、湖泊、海洋水体、蓄水池等。其中，河流通常具有狭长的形状，湖泊、海洋水体内部较为均质，而蓄水池面积较小，分别利用形状指数、波段方差、对象面积等光谱特征或形状特征来识别上述地物。相比之下，在尺度值为 300 的分割结果中，盐业用海区和池塘养殖区的空间结构较为相似，其内部均有大量筑堤将其划分为网格状的水域。通过观察发现，与池塘养殖区不同，盐业用海区内部除存在大量筑堤外，还存在光谱特征较为明显的高浓度卤水区。因此，需在更小尺度上获取盐业用海区内部的特征对象（卤水区）以实现上述两者的有效区分。基于平均分割评价指数法确定针对盐田斑块的最佳分割尺度为 15，并在该对象层次上提取出典型的高浓度卤水区和盐田内的筑堤。由于卤水是含有大量藻类等浮游生物的水体，叶绿素浓度较高，根据 Townsend 和 Walsh（2001）的研究结果，三波段组合指数[对于 Spot 数据，可表示为（1/band2-1/band3）×band4]可较好地指示叶绿素 a 浓度的高低，因此可利用该指数（three band index≥-0.41）提取卤水斑块。对于筑堤的提取，可通过对形状指数设定阈值（shape index≥2.5）来实现。此时，利用 eCognition 8.0 软件将尺度值为 15 的分割结果同化到尺度值为 300 的分割图层上，并认为尺度值为 300 的分割对象中同时包含有高浓度卤水区和筑堤的即为盐业用海区，需剔除。对于剩下的围海养殖池塘再进行尺度值为 50 的图像分割，并利用 NDWI 和对象间的邻近关系去除滩涂、筑堤等地物，即可得到围海养殖池塘斑块，其最终的信息提取结果见图 6-17b 中的黄色区域。

表 6-4　池塘养殖区分类规则集

分割层尺度	提取信息	分类方法
15	提取含有高浓度卤水区及筑堤的区域	（1/band2-1/band3）×band4≥-0.41，且 shape index≥2.5
300	提取水体区域	NDWI≥0.35
	去除盐业用海区	尺度值为 15 时含有高浓度卤水区和盐田筑堤的区域
	去除河流等	长宽比≥4
	去除湖泊、海洋水体等	波段 4 方差≤5
	去除蓄水池	面积≤20 000 个像元
50	提取池塘养殖区的水体（去除滩涂等）	NDWI≥0.4
	去除筑堤	波段 4 图层上对象与邻近对象的相对边界≤0.9

a. 融合图像   b. 提取结果（黄色区域）

图 6-17　池塘养殖信息提取结果

五、精度评价

　　一般定量表达分类精度的最普遍方法是构建分类误差矩阵（也称为混淆矩阵），分类误差矩阵是将分类结果与参考数据基于像元或斑块逐一对比得到的（Foody，2002）。本节通过目视解译和野外验证结果得到研究区池塘养殖分布，并将其作为参考数据与自动提取结果进行比对计算。总体而言，基于面向对象分类方法的池塘养殖信息提取技术具有较高的分类精度，基于像元统计的生产精度为85.83%，用户精度为 92.03%；而利用养殖池塘斑块统计的生产精度为 94.04%，用户精度为95.30%。围海养殖的漏分情况主要表现在盐业用海区有时会存在少量的池塘养殖斑块，而这些斑块较难识别，往往会划分到盐业用海方式中。此外，在围海养殖池塘四周存在筑堤，而这些筑堤的阴影常常会造成提取出来的池塘养殖区比实际面积要小。而池塘养殖的错分情况则主要是因为有些筑堤在遥感影像上表现得不明显，有时会一并划分到围海养殖池塘斑块中，而河流入海口等有时也会因人工建筑物的分割而形成小面积水域斑块，与养殖池相混淆。

本 章 小 结

　　养殖用海是我国用海面积最大、用海情况最为复杂的一种用海类型，也是亟须加强监管，优化结构与布局的一种行业用海方式。由于养殖用海的用海方式多样，有底播养殖、浮筏养殖、网箱养殖、围海养殖、人工鱼礁等，使用海域空间位置也不一样，有些使用海水表层（如浮筏养殖），有些使用海床（如底播养殖），还有一些使用海域空间综合体（如围海养殖）。如此多样化的养殖用海方式，给养殖用海监管带来了很多技术难题。本章针对卫星遥感技术的监测特点，研究构建了浮筏养殖用海和围海养殖用海的遥感监测技术方法，浮筏养殖用海中专门针对裙带菜的养殖用海特点，进行了专节论述，形成了浮筏养殖用海和围海养殖用海相对系统的遥感监测与分析技术。在技术研究的基础上选取典型区域进行了实践应用研究，为海洋与渔业行政主管部门开展养殖用海监测与分析评估，优化养殖用海空间布局提供了技术参考。

第七章

区域海域使用遥感监测与评估

第一节　区域海域使用空间格局综合监测与评估

海域使用空间格局是各类海域使用类型斑块在海洋表面镶嵌形成的空间布局形态，简单来说就是各海域使用图斑在海域空间上的组合形态。由于海域使用类型多样，各用海类型在海洋空间的表现形式也各不相同，有些有明显的空间斑块特征；有些只是人为划定的某一片水域，没有任何边界标志；还有一些只有很小的边界标志，从高空很难识别。因此，海域使用空间格局监测需要将遥感监测、海面定位测量、数据收集整理等多种技术相结合。通过监测和评估海域使用空间格局可以反映海域使用类型及其斑块数量、海域使用斑块的空间分布特征、海域使用斑块类型优势度、海域使用类型多样性，以及海域使用空间比例与强度等详细的海域使用空间特征，为海洋行政主管部门掌握海域使用态势，强化海域使用精细化管理提供决策依据。

一、海域使用监测方法

我国海域使用管理实行依法确权的权属管理制度。海域使用项目一般都位于特定的海域空间，由依法确权的海域使用界址范围闭合形成海域使用权属用海图斑（斑块），一个区域内所有的海域使用权属用海图斑构成海域使用确权数据。由于存在未确权的海域使用活动，因此海域使用确权数据并不是一个区域内全部的海域使用数据。对于未确权的海域使用活动，可采用的监测方法包括：一是遥感监测方法，对于填海造地、围海养殖、围海晒盐等具有明显用海边界标志特征的海域使用类型，可采用近期采集的经几何精校正后的高空间分辨率遥感影像直接提取海域使用图斑；二是"3S"协同监测方法，对于海水浴场、港池等依托海岸线的用海图斑，可采用近期采集的高空间分辨率遥感影像提取海岸线，再根据现场定位数据和地理信息系统空间分析方法，确定海域使用图斑；三是海面定位监测方法，对于底播养殖、锚地等无明显标志的用海图斑，可采用海面测量用海界址拐点坐标，并顺序连线的方法确定海域使用图斑。

二、区域海域使用空间格局评估方法

海域使用空间格局评估包括海域使用斑块密度评估、海域使用斑块大小评估、海域使用斑块形状评估、海域使用类型丰富度及优势度评估、海域使用多样性评估、海域使用强度评估与海域使用率评估等。

(1) 海域使用斑块密度

海域使用斑块密度指单位海域面积范围内的海域使用斑块数量，表示方法如下：

$$PD = \frac{N}{A} \qquad (7\text{-}1)$$

式中，PD 为海域使用斑块密度，A 为评估海域面积，N 为这个海域范围内海域使用斑块的总数量，可用每平方千米（100hm^2）海域范围内的海域使用平均斑块数表示，取值范围为 PD$\geq$1 个/km^2，无上限。

(2) 海域使用斑块大小

海域使用斑块大小指平均单个海域使用斑块的面积大小，可用海域使用斑块指数表示：

$$HPS = \frac{A_{\text{u}}}{N} \qquad (7\text{-}2)$$

式中，HPS 为海域使用斑块指数，单位为 hm^2/个，A_{u} 为海域使用总面积，N 为海域使用斑块总数量。

(3) 海域使用类型丰富度

海域使用类型丰富度指一定海域范围内各类海域使用类型的数量丰富度。海域使用类型可根据《海域使用分类》（HY/T 123—2009）划分的 9 大类 25 小类确定。计算公式如下：

$$HY = m \qquad (7\text{-}3)$$

式中，HY 为海域使用类型丰富度指数，m 为一定海域范围内各类海域使用类型的总数量，取值范围：0$\leq$HY$\leq$25。

(4) 海域使用优势度

海域使用优势度指一定海域范围内某一海域使用类型所占的优势程度。可用海域使用优势度指数表示：

$$D_i = \sum_{i=1}^{m} N_i \qquad (7\text{-}4)$$

$$N_i = \frac{P_i + M_i}{2} \qquad (7\text{-}5)$$

式中，D_i 为第 i 类海域使用优势度指数，N_i 为第 i 类海域使用类型的重要值，P_i 为第 i 类海域使用类型的面积比例，M_i 为第 i 类海域使用类型的斑块数量比例，m

为一定海域范围内各种海域使用类型的总数量。

（5）海域使用空间复杂性

海域使用空间复杂性指海域使用空间形状的复杂程度，可用海域使用斑块形状系数和斑块面积变异系数表示：

$$HSI = \frac{0.25E}{\sqrt{A}} \tag{7-6}$$

$$HSCV = \frac{HSSD}{HPS} \tag{7-7}$$

式中，HSI 为海域使用斑块形状系数，E 为海域使用斑块外部边长（与开阔海域相邻接的边长），A 为海域使用面积；HSCV 为海域使用斑块面积变异系数，HSSD 为海域使用斑块面积的标准差，HPS 为海域使用斑块平均面积。

（6）海域使用多样性

海域使用多样性指一定海域范围内各类海域使用类型在面积组成上的复杂性（Bell and Hicks，1991；Young，2014）。可用海域使用多样性指数表示：

$$HYDI = -\sum_{i=1}^{m}[P_i \ln(P_i)] \tag{7-8}$$

式中，HYDI 为海域使用多样性指数，P_i 为第 i 类海域使用类型占海域使用总面积的比例，m 为海域使用类型总数量。取值范围：HYDI≥0，无上限。当海域范围内只有一种海域使用类型时，HYDI=0，当海域使用类型增加或各海域使用类型所占面积比例趋于相似时，HYDI 相应增加。

（7）海域空间开发利用率

海域空间开发利用率指一定海域使用功能区范围内海域开发利用总面积占功能区总面积的比例。计算方法如下：

$$SUD = \frac{A_u}{A_i} \tag{7-9}$$

式中，SUD 为海域空间开发利用率，A_u 为第 i 个海洋功能区内海域使用总面积，A_i 为第 i 海洋功能区总面积。取值范围：0≤SUD≤1。

三、葫芦岛市海域使用空间格局监测与评估实践应用

收集 2015 年底的葫芦岛市海域使用确权数据，同时采用本节所述的未确权区域监测方法，补充未确权的海域使用图斑，作为葫芦岛市海域使用空间格局评估的基础数据。葫芦岛市海域使用确权总面积为 28 726.36hm²，海域使用确权宗数

为 1042 宗，海域使用斑块密度为 343.33hm^2/宗，平均斑块面积为 27.57hm^2。葫芦岛市海域使用类型复杂多样，海域使用类型丰富度指数为 9。

葫芦岛市海域使用类型组成结构见表 7-1。可以看出，养殖用海的优势度指数最大，达到 0.7241，为葫芦岛市海域使用最主要的类型，面积占到葫芦岛市海域使用总面积的 58.25%，斑块数量众多，占到葫芦岛市海域使用斑块总数量的 86.56%，说明葫芦岛市养殖用海多为小面积的养殖斑块；交通用海的优势度指数次之，为 0.1449，为葫芦岛市第二大海域使用类型，面积占到区域海域使用总面积的 23.89%，斑块数量比例为 5.09%，说明交通用海多为大面积的用海斑块。其他海域使用类型的优势度指数都小于 0.10，说明它们在葫芦岛市海域使用面积和斑块数量中占的比例都很小，它们的面积比例依次为固体矿产开采用海 5.59%，盐业用海 4.36%，排污用海 4.12%，城镇建设用海 2.11%，休闲娱乐用海 1.04%，临海工业用海 0.48%和电缆管道用海 0.17%。

表 7-1 葫芦岛市海域使用类型组成结构

海域使用类型	面积比例	斑块比例	优势度指数
养殖用海	0.5825	0.8656	0.7241
固体矿产开采用海	0.0559	0.0029	0.0294
城镇建设用海	0.0211	0.0163	0.0187
电缆管道用海	0.0017	0.0029	0.0023
排污用海	0.0412	0.0029	0.0221
休闲娱乐用海	0.0104	0.0125	0.0115
盐业用海	0.0436	0.0202	0.0319
交通用海	0.2389	0.0509	0.1449
临海工业用海	0.0048	0.0038	0.0043

由于葫芦岛市海域使用类型中养殖用海的优势度突出，其空间形状主导了葫芦岛市海域使用空间形状。由于葫芦岛市养殖用海的空间形态复杂多样，其斑块形状系数极高，达到了 26.290，致使葫芦岛市海域使用总体斑块形状系数也高达 27.207，两者之间比较接近。其他海域使用类型空间形状相对比较简单，其中电缆管道用海由于沿电缆管线走向呈条带状分布，斑块形状系数为 8.410；交通用海由于存在航道等条带状海域使用空间形态，斑块形状系数为 8.264；城镇建设用海斑块形状系数为 4.607；盐业用海斑块形状系数为 4.105；休闲娱乐用海斑块形状系数为 3.988；临海工业用海斑块形状系数为 2.103；排污用海和固体矿产开采用海的斑块形状系数分别为 1.437 和 1.626。

在海域使用斑块面积大小差异方面，交通用海的斑块面积变异系数最大，为 4.271；其次为养殖用海，斑块面积变异系数为 3.296；盐业用海、休闲娱乐用海、排污用海、电缆管道用海和固体矿产开采用海的斑块面积变异系数都在 1.0～2.0，城镇建设用海和临海工业用海的斑块面积变异系数分别为 0.387 和 0.419，说明葫芦岛市临海工业与城镇建设用海在规模上斑块之间面积差异比较小。

　　表 7-2 为葫芦岛市几个市（区、县）的海域使用多样性指数，葫芦岛市海域使用多样性指数总体为 1.2514；在市属的 4 个市（区、县）中，绥中县海域使用多样性最高，多样性指数为 1.2154；兴城市海域使用多样性最低，多样性指数为 0.4630；龙港区和连山区海域使用多样性比较接近，多样性指数分别为 0.9125 和 1.0445。

表 7-2　葫芦岛市海域使用多样性指数

龙港区	连山区	绥中县	兴城市	葫芦岛市总体
0.9125	1.0445	1.2154	0.4630	1.2514

　　葫芦岛市海域总面积为 357 748.06hm²，海域开发利用总面积为 28 726.36hm²，总体海域空间开发利用率为 8.03%，其中绥中县海域空间开发利用率为 9.97%，兴城市海域空间开发利用率为 7.46%，连山区海域空间开发利用率为 3.87%，龙港区海域空间开发利用率为 5.31%。

第二节　区域海域使用空间协调性监测与评估

海域使用空间协调性是指海域使用类型之间、海域使用类型与海洋功能区划等海域管理制度之间的空间协调程度。通过监测和评估海域使用空间协调性可以反映一个区域内海域使用的规范化、协调性、环境适宜性及海域综合管理面临的主要压力，进而为区域海域综合管理政策的调整和优化提供依据。为了定量描述一个区域内的海域使用空间协调性，本节将海域使用空间矢量数据与海洋功能区划等海域管理空间规划矢量数据叠加分析，并根据海域综合管理工作需求，探索构建海域使用协调度评估方法、海域使用符合性评估方法和海域使用环境干扰度评估方法，为海域使用管理工作成效的监测与评估提供技术依据。

一、海域使用空间协调性评估数据

海域使用空间协调性评估需要的数据主要包括海域使用空间矢量数据、海洋功能区划数据、海岸线数据等。海域使用空间矢量数据包括确权海域使用矢量数据和未确权的海域使用矢量数据，未确权的海域使用矢量数据监测方法见本章第一节区域海域使用空间格局综合监测与评估。海域使用矢量数据中每一用海图斑要有具体的海域使用类型（二级类型）、图斑面积等参数，海洋功能区划数据为正式批准执行的省级海洋功能区划矢量数据。

二、海域使用空间协调性评估方法

海域使用空间协调性评估主要包括海域使用协调度评估、海域使用符合性评估和海域使用环境干扰度评估，各评估内容的评估方法如下。

（1）海域使用协调度

海域使用协调度是指同一区域不同海域使用类型之间的协调程度，主要反映同一区域不同海域使用类型项目之间相互影响的强弱程度，采用海域使用协调度表征，计算方法如下：

$$XTI = \frac{S_0 - S_R}{S_0} \tag{7-10}$$

式中，XTI 为海域使用协调度，S_0 为海域使用总面积，S_R 为空间相邻、功能上相互存在不良影响的海域使用面积。取值范围：0≤XTI≤1.0。XTI=1.0，说明区域内海域使用协调度最高，所有海域使用类型项目之间都不存在不良影响；XTI=0，说明区域内海域使用协调度最低，所有海域使用类型项目之间都存在不良影响。海域使用类型间的相互影响情况见表7-3。

表 7-3　海域使用类型之间的相互影响情况表

海域使用类型	渔业用海	交通运输用海	工矿用海	旅游娱乐用海	海底工程用海	排污倾倒用海	填海造地用海	特殊用海
渔业用海								
交通运输用海	×							
工矿用海	×							
旅游娱乐用海			×					
海底工程用海	×		×					
排污倾倒用海	×			×				
填海造地用海	×							
特殊用海		×	×			×	×	

注：×表示相互之间存在不良影响

（2）海域使用符合性

海域使用符合度指某一或某些海域使用项目与海洋功能区划之间的符合程度。采用海域使用符合度指数评价某一海洋功能区内海域使用类型与其主体功能的符合性。海域使用符合度指数计算方法如下：

$$FH = 1 - \sum_{i=1}^{n} wa_i \qquad (7\text{-}11)$$

式中，FH 为海域使用符合度指数，w 为符合度判定指标，如果海域使用类型符合该海洋功能区类型，则 w 为 0，如果海域使用类型不符合该海洋功能区划，则 w 为 1.0，a_i 为第 i 个海域使用类型占该类型海洋功能区的面积比例，n 为该海洋功能区内海域使用类型的数量。海域使用类型与海洋功能区划间的符合情况见表 7-4。0≤FH≤1.0，海域使用符合度指数越高，则海域使用类型与海洋功能区划的符合性越好；当 FH=1.0 时，海域使用类型完全符合海洋功能区划；反之，海域使用类型与海洋功能区划符合性越差；当 FH=0 时，海域使用类型完全不符合海洋功能区划要求。

表 7-4　海域使用类型与海洋功能区划间的符合情况表

项目	渔业用海	交通运输用海	工矿用海	旅游娱乐用海	海底工程用海	排污倾倒用海	填海造地用海	特殊用海
农渔业区		×	×		×	×		×
交通航运区	×		×	×	×			×
工业与城镇建设区		×		×	×			×
旅游休闲娱乐区	×	×	×			×		
矿产与能源区		×		×	×			×
海洋保护区							×	
保留区		×	×	×	×	×	×	
特殊利用区	×	×	×	×	×	×	×	

注：×表示海域使用类型不符合海洋功能区划

（3）海域使用环境干扰度

海域使用环境干扰度指海域使用活动对环境的干扰、破坏程度，可用海域使用环境干扰度指数表示：

$$HYUD = \sum_{i=1}^{n} w_i a_i \qquad (7\text{-}12)$$

式中，HYUD 为海域使用环境干扰度指数，a_i 为第 i 个海域使用面积占总海域面积的比例，w_i 为该类海域使用类型对海洋环境的干扰、破坏程度，n 为该海洋功能区内海域使用类型的数量，各海域使用类型对应的干扰强度因子见表 7-5。

表 7-5　海域使用类型及干扰强度因子

序号	一级类型	二级类型	干扰强度因子
1	渔业用海	渔业基础设施用海	0.60
2		养殖用海	0.40
3		增殖用海	0.20
4	交通运输用海	港口用海	0.70
5		航道用海	0.50
6		锚地用海	0.40
7		路桥用海	0.40
8	工矿用海	盐业用海	0.60
9		临海工业用海	1.00
10		矿产开采用海	0.90
11		油气开发用海	0.80
12	旅游娱乐用海	旅游基础设施用海	0.90
13		海水浴场	0.60
14		海水娱乐用海	0.60

序号	一级类型	二级类型	干扰强度因子
15	海底工程用海	电缆管道用海	0.40
16		海底隧道用海	0.40
17		海底仓储用海	0.40
18	排污倾倒用海	污水排放用海	1.00
19		废物倾倒用海	1.00
20	填海造地用海	城镇建设用海	1.00
21		围垦用海	0.90
22	特殊用海	科研教学用海	0.30
23		军事设施用海	0.50
24		保护区用海	0.00
25		海岸防护工程用海	0.20

三、葫芦岛市海域使用空间协调性监测与评估实践应用

葫芦岛市位于辽宁省西南部，地理位置为 39°52′N～42°24′N，119°50′E～121°05′E，东邻锦州，西接山海关，南临渤海辽东湾，总面积为 10 414.93km²。葫芦岛市是辽西走廊的重要组成部分，也是连接东北地区和华北地区的重要陆路交通纽带，下辖 3 区、2 县、1 市共 6 个行政区，总人口数约 296 万，2010 年 GDP 达到 531.4 亿元，是环渤海经济圈的重要组成部分。葫芦岛市是全国 36 个沿海开放城市之一，是辽宁省西部城市群区域性金融中心城市，是国家园林城市和中国优秀旅游城市。

葫芦岛市海岸线长 261km，以砂质、细砂质海岸为主，葫芦岛市龙湾海滨风景区地跨兴城市和龙港区，沙滩宽 80～100m，长达 30km 以上，是纯天然的旅游休闲度假区。沿岸许多海湾海阔水深，夏避风浪，冬微结薄冰，适宜修建不冻良港，宜港岸线长 16.5km。近岸海域水深浪静，水质纯净，适合开展多种海洋水产养殖。近年来，随着辽东湾西部海域使用力度的逐年加大，葫芦岛市的海域使用类型复杂多样，不同功能海域空间错综复杂，给海域管理工作带来了很多困难。

收集整理并监测完善 2015 年底的葫芦岛市海域使用空间矢量数据，同时收集辽宁省海洋功能区划数据，作为葫芦岛市海域使用空间协调性评估的基础数据。

绥中县海域使用类型与海洋功能区划符合程度见图 7-1。绥中县农渔业功能区交通运输用海占 3.76%，排污倾倒用海占 0.74%，矿产开采用海占 0.35%，

农渔业功能区海域使用符合度指数为 0.952。绥中县海洋保护功能区渔业用海占 19.94%，海洋保护功能区海域使用符合度指数为 0.8006。绥中县旅游休闲娱乐功能区总面积为 7221.01hm²，养殖用海占旅游休闲娱乐功能区的 24.48%，交通运输用海占 3.99%，绥中县旅游休闲娱乐功能区海域使用符合度指数为 0.7153。绥中县交通运输用海功能区面积为 8111.48hm²，养殖用海占交通运输用海功能区的 5.22%，排污倾倒用海占交通运输用海功能区的 1.58%，绥中县交通运输用海功能区海域使用符合度指数为 0.932。绥中县工业与城镇建设功能区面积为 4786.99hm²，养殖用海占该功能区总面积的 5.65%，交通运输用海占该功能区总面积的 5.60%，绥中县工业与城镇建设功能区海域使用符合度指数为 0.8875。

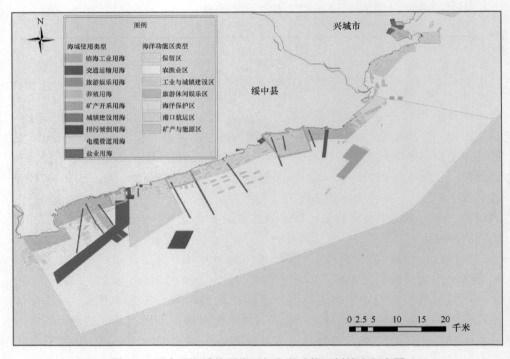

图 7-1 绥中县海域使用类型与海洋功能区划符合程度图

葫芦岛市海域使用环境干扰度指数见表 7-6。葫芦岛市海域使用总体环境干扰度指数为 0.376，其中连山区海域使用环境干扰度指数最大，为 0.539；其次为绥中县，海域使用环境干扰度指数为 0.421；龙港区海域使用环境干扰度指数为 0.389；兴城市海域使用环境干扰度指数为 0.260。

表 7-6　葫芦岛市海域使用环境干扰度指数

龙港区	连山区	绥中县	兴城市	葫芦岛市总体
0.389	0.539	0.421	0.260	0.376

第三节　区域海域使用活跃度遥感监测与评估

海域使用活跃度指海域使用的活跃程度。它主要反映一个区域海域使用活动的活跃程度和海域使用项目的推进程度。通过海域使用活跃度监测与评估可直观反映某个地区新增用海活动的活跃程度和已批用海项目的推进实施程度，也可间接判断当地海洋经济发展的状况及海域综合管理面临的压力，进而可对该地区的海域综合管理政策制度进行适度调整。用海活跃度上升表示用海活动总体呈活跃、上升趋势，反映出用海活动状态处于扩张局面；用海活跃度下降表示用海活动总体呈不活跃、下降趋势，反映出用海活动状态处于收缩局面。本节研究构建了海域使用活跃度遥感监测与评估方法，并以天津市海域为例开展了海域使用活跃度监测与评估方法的实践应用，为海域使用活跃度监测与评估提供技术方法。

一、海域使用活跃度遥感监测方法

（一）监测与评估数据

新增用海活动的活跃程度评估可直接采用区域历年的海域使用确权数据，统计分析该区域各个年份的海域使用确权面积。海域使用项目推进程度评估可采用高空间分辨率遥感影像监测方法，连续获取监测区域内的高空间分辨率卫星遥感影像，根据遥感影像提取监测区域内海域使用项目每年新增的用海面积。

（二）海域使用活跃度评估方法

（1）新增用海活跃度

海域使用项目活跃度指一个区域/行业单位时间（年、季、月）内用海面积增加的活跃程度，用新增用海面积表征。它可反映一个区域/行业单位时间内新增用海面积较平均用海面积的升降程度，采用新增用海活跃度表示。新增用海活跃度为区域/行业单位时间内新增用海面积与近5年单位时间内平均新增用海面积的比值，计算方法如下：

$$SUHY = \frac{\sum_{i=1}^{n} a_i}{a_0} \qquad (7\text{-}13)$$

式中，SUHY 为新增用海活跃度，a_i 为一个区域/行业单位时间（年、季、月）内新增的第 i 个用海项目的用海面积，n 为一个区域/行业单位时间（年、季、月）内新增用海项目总数量，$\overline{a_0}$ 为某一区域/行业近 5 年单位时间（年、季、月）内平均新增用海面积。

（2）围填海活跃度

围填海活跃度是指一个区域围填海开发的活跃程度，可以从围填海项目建设活跃度和围填海区域开发活跃度两个方面反映一个区域围填海开发利用的总体活跃程度。围填海活跃度计算方法如下：

$$YTI = \frac{R_J + R_K}{2} \tag{7-14}$$

式中，YTI 为围填海活跃度，R_J 为围填海项目建设活跃度，R_K 为围填海区域开发活跃度。

围填海项目建设活跃度是指围填海项目围填建设的活跃程度，主要是反映一个区域已审批建设围填海项目的围填实施进度情况（Suo and Zhang，2015）。围填海项目建设活跃度为当年监测到的新增围填海面积与近 5 年平均每年新增围填海面积的比值，计算方法如下：

$$R_J = \frac{\sum_{i=1}^{n} a_i}{\overline{a}} \tag{7-15}$$

式中，R_J 为围填海项目建设活跃度，a_i 为当年新增加的第 i 个围填海建设项目的实际围填面积，n 为区域内围填海建设项目的批复个数，$\overline{a}$ 为区域内近 5 年平均每年新增实际围填海面积。

围填海区域开发活跃度指围填海造地形成土地区域开发建设的活跃程度，它反映了围填海区域投资建设开发的活跃程度。围填海区域开发活跃度为当年监测到的新开发建设区域面积与近 5 年平均每年开发建设区域面积的比值，计算方法如下：

$$R_K = \frac{\sum_{j=1}^{n} a_j}{\overline{A}} \tag{7-16}$$

式中，R_K 为围填海区域开发活跃度，a_j 为当年监测到的第 j 个围填海项目实际开发建设面积，n 为区域内围填海建设开发项目数量，$\overline{A}$ 为区域内近 5 年平均每年实际开发建设面积。

（3）海域使用活跃度

海域使用活跃度指数由新增用海活跃度和围填海活跃度两个指标构成，海域使用活跃度指数计算公式如下：

$$SFI = \frac{SUHY + YTI}{2}$$ （7-17）

式中，SFI 为海域使用活跃度指数，SUHY 为新增用海活跃度，YTI 为围填海活跃度。

二、天津市海域使用活跃度遥感监测与评估实践应用

（一）天津市新增用海活跃度

以天津市 2006～2015 年海域使用确权数据为基础，统计分析这 10 年内天津市新增用海活跃度变化情况。2006～2015 年天津市每年平均新增用海面积为 5573.27hm²，各年份新增用海活跃度见图 7-2。可以看出 2010 年天津市新增用海活跃度最高，为 2.97，远远高于其他年份，是天津市新增用海最活跃的年份。2008 年、2011 年和 2013 年新增用海活跃度处于 1.00～1.50，分别达到 1.50、1.42 和 1.13，是天津市新增用海较活跃的年份。2009 年、2012 年和 2014 年新增用海活跃度处于 0.50～1.00，分别为 0.67、0.98 和 0.63，是天津市新增用海较不活跃的年份。2006 年、2007 年和 2015 年新增用海活跃度都小于 0.50，是天津市新增用海最不活跃的年份。

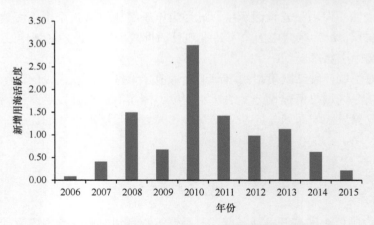

图 7-2　天津市 2006～2015 年新增用海活跃度变化

（二）天津市围填海活跃度

收集 2006～2015 年覆盖天津市近岸海域的高空间分辨率遥感影像，按照本节所述方法分别提取天津市每年新增围填海面积和围填海区域开发利用面积，计算

天津市在这 10 年内平均每年新增围填海面积和平均每年围填海区域开发利用面积。通过监测分析可知，这 10 年来天津市平均每年新增围填海面积 2066.23hm²，平均每年围填海区域开发利用面积为 539.35hm²，围填海活跃度变化见图 7-3。可以看出，天津市围填海项目建设活跃度从 2006 年开始增加，2006 年围填海项目建设活跃度为 0.72，2007 年快速增加到 1.47，2008 年略有降低，为 1.25。2009～2010 年达到围填海建设的高峰期，是这 10 年内围填海建设最活跃的时期，2009 年新增围填海面积 5050.39hm²，围填海项目建设活跃度为 2.44；2010 年新增围填海面积 4712.32hm²，围填海项目建设活跃度为 2.28。2011 年以后开始逐年减少，2011 年为 0.98，2012 年进一步降低到 0.68，2013 年再降低到 0.17，2014 年和 2015 年几乎没有新增围填海，围填海项目建设活跃度接近于 0。

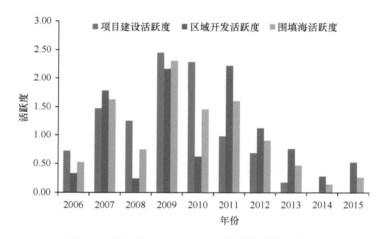

图 7-3　天津市 2006～2015 年围填海活跃度变化

天津市围填海区域开发活跃度出现 3 个高峰年份，分别是 2007 年、2009 年和 2011 年，围填海区域开发活跃度分别达到 1.78、2.16 和 2.22。2010 年、2012 年和 2013 年的围填海区域开发活跃度次之，分别为 0.62、1.12 和 0.75。2006 年、2008 年、2014 年和 2015 年围填海区域开发活跃度都较低，分别只有 0.32、0.24、0.28 和 0.52。这 10 年内天津市总体围填海活跃度仍以 2009 年的 2.30 最高；2007 年、2010 年和 2011 年次之，围填海活跃度在 1.50 上下；其他年份围填海活跃度都小于 1.00，围填海活跃度较低。

（三）天津市海域使用活跃度

综合新增用海活跃度和围填海活跃度，分析 2006～2015 年天津市海域使用活跃度指数变化情况（图 7-4）。可以看出这 10 年内天津市海域使用活跃度指数呈现出明显的正态分布特征，2006～2010 年为海域使用活跃度指数上升期。海域使用活跃度指数从 2006 年的 0.30 逐年增大，2007 年为 1.02，2008 年为 1.12。
2010 年达到天津市海域使用活跃度指数的高峰，为 2.21，该年份新增用海活跃
度最高，围填海活跃度次高；2009 年和 2011 年是海域使用活跃度指数达到最高
峰之前和之后的次高年，海域使用活跃度指数分别为 1.49 和 1.51，其中 2009 年
是围填海活跃度最高年，2011 年新增用海活跃度排在第三位。2010～2015 年为
海域使用活跃度指数的下降期，海域使用活跃度指数在 2012 年下降为 0.94，2013
年下降为 0.80，2014 年下降为 0.38，2015 年下降到最低值（0.24）。组成海域使
用活跃度指数的新增用海活跃度和围填海活跃度在 2010～2015 年也出现类似的
下降趋势。

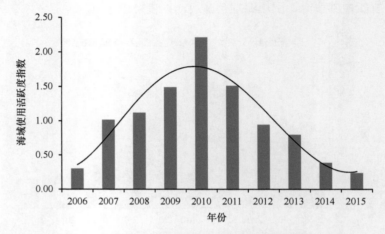

图 7-4   天津市 2006～2015 年海域使用活跃度指数变化

本 章 小 结

  各类海域使用活动都是以宗海图斑的形式落在海域空间上，从而构成了海域使用空间格局。开展海域使用空间格局评估，是集约利用海域资源、优化海域使用空间格局的基本工作。本章主要利用遥感监测与 GIS 空间分析技术，研究构建了描述海域使用空间结构特征的海域使用空间格局评估指标与评估方法，描述海域使用项目之间、海域使用类型与海洋功能区划之间、海域使用与所处环境之间的空间协调性的评估方法，以及描述海域使用变化过程特点的海域使用活跃度监测与评估方法，并针对相关监测评估方法选取葫芦岛市或天津市海域进行了实践应用研究，以增强监测评估方法的适用性，为相关海域使用空间格局的监测与评估业务工作提供技术示范。

第八章

海域资源遥感监测与评估

第一节　海域开发存量监测与评估

海域开发存量就是一个区域内可供开发利用的现存海域空间资源数量。掌握海域开发存量是审批海域使用项目、优化海域空间资源配置的基本条件。只有了解和掌握海域开发存量类型、位置和规模，才能依据海洋功能区划，将各种不同用海类型、不同用海规模、不同用海需求的海域使用项目合理地配置于适合的海洋基本功能区。开展海域开发存量监测评估是了解和掌握一个区域内海域开发存量的基本途径，也是实施海域综合管理的基础性工作。根据海域开发存量管理需求，海洋开发存量监测评估可以海洋功能区划为空间单元，监测评估每一海洋基本功能区或每一类海洋功能区的海域开发存量；也可以水深为空间单元，监测评估每一水深区域的海域开发存量；还可以距离海岸线远近为空间单位，监测评估距离海岸线不同区域的海域开发存量。

一、海域开发存量监测评估数据与方法

海域开发存量监测评估所需要的数据包括海洋功能区划矢量数据、海域使用权属矢量数据、1∶50 000 比例尺的海洋等深线矢量数据、省级人民政府审批的海岸线矢量数据、近期采集的高空间分辨率卫星遥感影像。以上所有矢量数据必须转换成同一投影坐标系和地理坐标系，便于空间叠加分析。

将海域使用权属矢量数据与近期采集的高空间分辨率卫星遥感影像进行空间叠加，在 1∶50 000 比例尺下逐一查看分析遥感影像上显示已开发利用但未确权的用海区域，按照《海籍调查规范》（HY/T 124—2009）对各类海域使用类型界址范围的界定要求，补充未确权的实际用海项目的海域使用界址图斑，形成较为全面的海域使用现状矢量数据。以省级人民政府审批的海岸线矢量数据为基础，采用 GIS 软件中的缓冲区分析方法，做 1km、2km、3km、4km、5km、10km、20km 的缓冲区，选取海域一侧，作为距离海岸线远近海域开发存量分析的空间单元。

二、海域开发存量评估方法

（一）海洋功能区海域开发存量评估方法

海洋功能区海域开发存量为某一海洋基本功能区或某一类海洋功能区面积与该海洋功能区内实际开发利用的海域面积之差，也就是将海洋功能区划矢量数据

与海域使用现状矢量数据进行空间叠加，分析统计落在各个海洋功能区的海域使用现状图斑面积，按如下公式计算海洋功能区海域开发存量：

$$C_i = S_i - \sum_{j=1}^{n} a_j \qquad (8\text{-}1)$$

式中，C_i 为第 i 个海洋功能区海域开发存量（hm²），S_i 为第 i 个海洋功能区面积（hm²），a_j 为落在该海洋功能区的第 j 个海域使用项目的用海面积（hm²），n 为落在该海洋功能区的海域使用项目数量。

海域开发存量指数为海域开发存量与海洋功能区面积的比值，计算公式如下：

$$H_i = \frac{S_i - \sum_{j=1}^{n} a_j}{S_i} \qquad (8\text{-}2)$$

式中，H_i 为第 i 个海洋功能区海域开发存量指数，其他同公式（8-1）。

（二）不同水深海域开发存量评估方法

不同水深海域开发存量是指不同水深区域可供开发利用的现存海域空间资源数量。将海洋等深线矢量数据与海域使用现状矢量数据进行空间叠加，计算不同水深区域海域面积，统计分析落在该水深区域的海域使用现状图斑面积，不同水深区域海域开发存量计算公式如下：

$$W_i = S_{wi} - \sum_{j=1}^{n} a_j \qquad (8\text{-}3)$$

式中，W_i 为第 i 个水深区域海域开发存量（hm²），S_{wi} 为第 i 个水深区域面积（hm²），a_j 为落在该水深区域的第 j 个海域使用项目的用海面积（hm²），n 为落在该水深区域的海域使用项目数量。

不同水深区域的海域开发存量指数为不同水深区域的海域开发存量与该水深区域面积的比值，计算公式如下：

$$DI_i = \frac{S_{wi} - \sum_{j=1}^{n} a_j}{S_{wi}} \qquad (8\text{-}4)$$

式中，DI_i 为第 i 个水深区域的海域开发存量指数，其他同公式（8-3）。

（三）不同海岸线距离海域开发存量评估方法

不同海岸线距离海域开发存量是指距离海岸线不同远近的区域可供开发利用的现存海域空间资源数量。将海岸线缓冲区矢量数据与海域使用现状矢量数据进行空间叠加，计算不同远近缓冲区的海域面积，统计分析落在该缓冲区的海域使用现状图斑面积，不同海岸线距离区域的海域开发存量计算公式如下：

$$L_i = S_{1i} - \sum_{j=1}^{n} a_j \qquad (8\text{-}5)$$

式中，L_i 为第 i 个缓冲区的海域开发存量（hm²），S_{1i} 为第 i 个缓冲区面积（hm²），a_j 为落在该缓冲区的第 j 个海域使用项目的用海面积（hm²），n 为落在该缓冲区的海域使用项目数量。

不同海岸线距离区域的海域开发存量指数为不同缓冲区海域开发存量与该缓冲区面积的比值，计算公式如下：

$$\mathrm{LI}_i = \frac{S_{1i} - \sum_{j=1}^{n} a_j}{S_{1i}} \qquad (8\text{-}6)$$

式中，LI_i 为第 i 个缓冲区的海域开发存量指数，其他同公式（8-5）。

三、海南岛海域开发存量监测与评估实践应用

（一）海南岛海域使用现状特征

海南岛近岸海域使用总面积为 28 627.53hm²，主要海域使用类型有渔业用海、旅游娱乐用海、交通运输用海和临海工业用海，其中渔业用海面积最大，占到海域使用总面积的 66.45%，集中分布于海南岛西北部的儋州市；旅游娱乐用海占海域使用总面积的 13.11%，主要分布在三亚市、海口市和儋州市；交通运输用海占海域使用总面积的 11.51%，主要分布在琼海市、儋州市；临海工业用海占海域使用总面积的 6.35%，集中分布在昌江县。

海南岛海域使用在不同水深区域的分布具有明显的分异特征，5m 水深范围内的海域使用面积占海域使用总面积的 35.08%，主要海域使用类型为渔业用海、旅游娱乐用海、填海造地用海；5～10m 水深的海域使用面积占海域使用总面积的 13.50%，主要海域使用类型为渔业用海、交通运输用海；10m 水深之外的海域使用面积占海域使用总面积的 51.42%，主要为渔业用海。海南岛近岸海域开发利用活动主要集中在离岸 5km 的水域范围内，占海域使用总面积的 84.15%，海域使用类型多样，包括渔业用海、交通运输用海、临海工业用海等；5～10km 水域的海域使用面积仅占海域使用总面积的 15.02%，主要为渔业用海；10km 以外海域几乎没有用海项目。

（二）主要海洋功能区海域开发存量

海南岛近岸海域海洋功能区总面积为 2 377 704.30hm²，除保留区和海洋保护区两个不能开发利用的海洋功能区类型外，可开发利用海洋功能区总面积为

1 664 348.00hm²，其中已开发利用总面积为 28 627.53hm²，海洋功能区海域开发总存量为 1 635 720.47hm²，总体海域开发存量指数为 0.98。具体到沿海 12 个行政区，临高县由于可开发利用海洋功能区面积只有 3955.00hm²，而海域使用面积达到 3107.06hm²，海洋功能区海域开发存量仅有 847.94hm²，海域开发存量指数为 0.21；儋州市可开发利用海洋功能区面积为 118 484.00hm²，海域使用面积为 15 623.33hm²，海洋功能区海域开发存量为 102 860.67hm²，海域开发存量指数为 0.87；其他 10 个区域的海洋功能区海域开发存量指数都在 0.98 以上。

通过分析主要海洋功能区海域开发存量可知，农渔业区、矿产与能源区和特殊利用区的海域开发存量指数都在 0.99 以上。工业与城镇建设区仅分布在儋州市、东方市、昌江县和乐东县，功能区总面积为 13 528.64hm²，已开发利用面积为 1375.35hm²，海域开发存量为 12 153.29hm²，海域开发存量指数为 0.90，其中昌江县海域开发存量最大，海域开发存量指数为 0.86；其次为东方市，海域开发存量指数为 0.99；而乐东县和儋州市海域开发存量分别只有 1383.59hm² 和 278.16hm²。港口航运区分布在除昌江县、乐东县和陵水县以外的其他 9 个行政区，功能区总面积为 109 982.37hm²，海域开发存量为 105 766.04hm²，海域开发存量指数为 0.96；其中琼海市和万宁市的海域开发存量较小，分别只有 105.84hm² 和 41.44hm²，海域开发存量指数分别为 0.23 和 0.93，其他区域的海域开发存量都比较大。旅游休闲娱乐区在海南岛沿海 12 个行政区都有分布，功能区总面积达到 140 001.88hm²，海域开发存量为 136 454.29hm²，总体海域开发存量指数为 0.97；其中海口市、三亚市、万宁市、文昌市、乐东县和陵水县海域开发存量都在 10 000.00hm² 以上；而临高县、昌江县、澄迈县、东方市和琼海市海域开发存量分别只有 625.01hm²、1073.86hm²、1843.53hm²、4063.30hm² 和 7856.48hm²；儋州市海域开发存量指数最小，为 0.89。

（三）不同水深区域海域开发存量

以 5.0m 等深线和 10.0m 等深线为界线分析海南岛近岸海域不同水深区域的海域开发存量。海南岛近岸海域 5.0m 等深线范围内可开发利用海域总面积为 156 543.17hm²，海域开发存量为 146 499.94hm²，总体海域开发存量指数为 0.94。在沿海 12 个行政区中，昌江县、澄迈县、琼海市、临高县和陵水县 5.0m 等深线范围内海域开发存量较少，分别有 4160.90hm²、5617.47hm²、5750.15hm²、6520.64hm² 和 6733.80hm²；临高县、琼海市和儋州市的海域开发存量指数分别为 0.79、0.83 和 0.85；其他区域的海域开发存量指数都在 0.90 以上。海南岛近岸海域 5.0m 等深线至 10.0m 等深线之间可开发利用海域面积为 129 464.03hm²，海域开发存量为 125 663.20hm²，总体海域开发存量指数为 0.97。在沿海 12 个行政区中，陵水县、昌江县、澄迈县、琼海市、万宁市和临高县近岸海域 5.0m 等深线至

10.0m 等深线之间区域的海域开发存量较少，分别为 583.77hm²、1552.56hm²、2292.10hm²、4122.17hm²、5460.73hm² 和 5916.55hm²；儋州市海域开发存量指数为 0.81；其他区域海域开发存量指数都在 0.90 以上。海南岛近岸海域 10.0m 以外区域海域面积广阔，海域开发存量都很大。

（四）不同海岸线距离区域海域开发存量

　　以距离海岸线 5.0km 和 10.0km 为界线，分析海南岛距离海岸线不同远近区域的海域开发存量。海南岛距离海岸线 5.0km 范围内的可开发利用海域总面积为 500 303.90hm²，海域开发存量为 476 214.89hm²，总体海域开发存量指数为 0.95。具体到海南岛沿海 12 个行政区，文昌市和三亚市距离海岸线 5.0km 范围内的海域开发存量最大，分别达到 90 812.83hm² 和 71 626.50hm²；琼海市和澄迈县该范围区域内的海域开发存量最小，分别只有 18 879.63hm² 和 18 069.99hm²；其他区域的海域开发存量多在 20 000.00~50 000.00hm²。上述区域内的海域开发存量指数以儋州市和临高县较小，分别为 0.78 和 0.89，其他区域的海域开发存量指数都大于 0.90。海南岛距离海岸线 5.0~10.0km 区域内可开发利用海域面积为 439 578.58hm²，海域开发存量为 435 279.19hm²，总体海域开发存量指数为 0.99。具体到海南岛沿海 12 个行政区，琼海市和澄迈县距离海岸线 5.0~10.0km 区域的海域开发存量最小，分别只有 18 640.50hm² 和 14 502.67hm²；而文昌市和三亚市在该范围内的海域开发存量最大，分别达到 79 872.22hm² 和 60 200.70hm²；其他区域的海域开发存量都在 20 000.00~50 000.00hm²；上述区域内的海域开发存量指数都比较大，其中儋州市为 0.92，海口市和三亚市为 0.99，其他 9 个区域都接近或等于 1.0。海南岛近岸海域 10.0km 以外海域面积广阔，海域开发存量很大。

第二节　围填海潜力区监测与评估

在当前我国沿海地区社会经济发展开发空间趋紧的总体态势下，围填海成为沿海地区拓展发展空间的重要途径，具有较大的现实需求。但围填海活动又是一种彻底改变海域自然属性的海洋空间开发利用活动，对海洋资源环境的影响较为深远。因此，开展围填海潜力区监测评估，测算围填海潜力区规模，成为海域使用管理的重要基础工作。所谓围填海潜力区就是指一个区域内能够实施围填海的潜在区域。由于围填海潜力区监测评估涉及围填海成本、生态环境适宜性、区位条件、管理制度要求等多种因素，监测评估结果必须落实到一定的海域空间，因此必须采用遥感技术与地理信息系统相结合的空间分析技术。本节以遥感技术和地理信息系统为基础，构建了围填海潜力区监测评估方法体系，为围填海潜力区的监测与测算提供技术参考。

一、围填海潜力区筛选方法

（一）围填海适宜功能区分析

我国围填海开发利用方向主要包括港口码头建设、临海工业建设、滨海城镇建设、滨海旅游基础设施建设 4 个方面，这 4 种围填海开发利用活动适宜的海洋功能区类型分别为港口航运区、工业与城镇建设区、旅游休闲娱乐区。因此，可以海洋功能区划中的港口航运区、旅游休闲娱乐区、工业与城镇建设区为围填海适宜的功能区类型，逐一分析以上 3 种海洋功能区类型在具体评估海岸的空间分布，为详细计算适宜围填海的潜在区域提供基础。

（二）围填海深度阈值确定

大规模围填海得以持续存在的基本前提是围填海收益与围填海成本之间存在巨大的利润空间。围填海收益由围填海形成土地的市场基准价格决定，围填海成本由围填海所处海域的水下地形及围填海工程的劳动力成本等决定。只有围填海收益远大于围填海成本，利润空间才能维持，从而驱动大规模围填海的存在。

近岸海域水下地形对围填海施工难度和围填海成本都具有重要的影响。一般情况下，如果近岸海域水深较浅，底坡较缓，波浪相对较小，则围填海施工相对容易，单位土石方围填量围填形成的土地面积大，围填海工程成本低；反之，如果近岸海域水下地形复杂，底坡较陡，海流湍急，波浪较大，则会使围填海外缘护岸工程施工难度加大，更重要的是围填同样面积的海域所需的土石方量会大大增加，围填海成本会急剧增大。因此，近岸海域水下地形对围填海工程具有重要的影响。

假设在近岸海域围填 L m 深度，1000m 长度，坡度为 a 的区域，其围填面积为 $\dfrac{L}{\text{tga}}$ m×1000m＝$\dfrac{1000L}{\text{tga}}$ m^2，其围填剖面面积为 $\dfrac{L^2}{2\text{tga}}$ m^2。整个围填区域体积（即围填土石方需求量）V 为围填剖面面积 S 与围填长度之乘积，即 $V = \dfrac{L^2}{2\text{tga}} \times 1000$（m^3）。

假设围填海的土石方成本平均为 M 元/m^3，则围填 $V = \dfrac{L^2}{2\text{tga}} \times 1000$（m^3）的总成本为 MV。对于围填海工程，只有在围填工程成本小于围填形成土地基准价的前提下，围填海工程才会盈利，否则大规模的围填海活动不会持续存在。另设围填海毗邻区域土地基准价为 W，则存在下式：

$$\frac{1000L^2}{2\text{tga}} \times M \leqslant \frac{1000L \times W}{\text{tga}} \tag{8-7}$$

$$L \leqslant \frac{2W}{M} \tag{8-8}$$

由于围填海区域用途不同，形成土地的市场基准价格也不同，港口建设、工业区建设土地的市场基准价格相对低一些，商业用地的市场基准价格相对高一些。因此，在不同功能区不同围填海开发用途区域围填海的适宜水深也不同。

（三）围填海潜力区选取

以海洋功能区划矢量数据为基础，提取适宜围填海的港口航运区、工业与城镇建设区和旅游休闲娱乐区，为围填海适宜的海洋功能区。将围填海适宜的海洋功能区矢量数据与围填海适宜水深矢量数据进行空间叠加，提取海岸线至围填海适宜水深等深线之间的区域，为围填海初步潜力区。

将围填海初步潜力区与最新高空间分辨率卫星遥感影像相叠加，并参考重要湿地生态系统评价结果、海岸/海域资源评价结果、海域开发利用现状评价结果等相关成果，逐一分析围填海初步潜力区的海岸特征，将具有重要生态系统保护价值（重要海湾）、重要海岸/海域资源开发利用价值（重要旅游娱乐沙滩）、重要海域开发利用项目所在岸段（已围填海开发利用区域），以及河流入海口等从以上围填海初步潜力区剔除，剩余部分即为围填海潜力区。

在 ArcGIS 软件的支持下，逐一计算每一围填海潜力区的面积，叠加行政区划数据,统计每一行政单元的围填海潜力区域面积和该区域的围填海空间资源潜力。分析不同行政区域内围填海空间资源潜力的面积大小、空间形状、空间配置等。

二、围填海潜力区适宜程度评估

为了对围填海潜力区的围填海适宜程度进行评估,本节研究建立了围填海适宜性评估指标和评估模型。围填海适宜性评估指标包括海岸自然环境条件、区位条件、交通条件、海洋功能区划及相关涉海规划 4 类 15 个指标(图 8-1)。

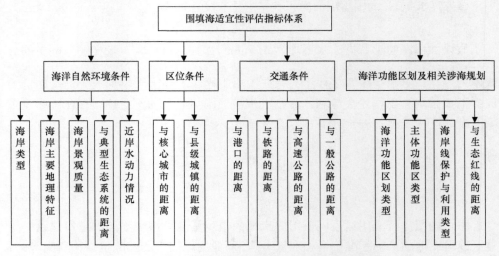

图 8-1   围填海适宜性评估指标体系

围填海适宜程度评估模型如下:

$$S = \sum_{i=1}^{n} B_i W_i \qquad (8\text{-}9)$$

式中,S 为围填海适宜程度评估指数;B_i 为第 i 种评估因素的得分(无量纲);W_i 为第 i 种评估因素的权重;n 为参加评估的因素数量。为确保评估因子权重的科学性和准确性,运用层次分析法对各层指标的相对重要性进行两两比较、判断,并保持判断矩阵的一致性,最后得出各个指标的权重值。

根据评估决策的实际需要,将评估结果划分为 4 个等级——"适宜""较适宜""不适宜""极不适宜",即评语集合为:$V = \{V_1, V_2, V_3, V_4\} = \{适宜,较适宜,不适宜,极不适宜\}$。

采用 ArcGIS 软件构建评价数据存储模型支持评估过程中的复杂计算过程。评估数据通过 4 个数据表来存储,分别是评估单元数据表、指标权重数据表、指标值评估数据表及模糊综合评估数据表。评估数据存储的数据字典定义如下。

1）评估单元数据表（评估单元 id，单元 1，单元 2，单元 3，…，单元 n）。

2）指标值评估数据表（指标值，V_1，V_2，V_3，V_4，基本功能）。

3）指标权重数据表（指标 id，指标 1，指标 2，指标 3，…，指标 n）。

评价单元数据表存储了围填海潜力区的几何要素及各评估指标的取值。指标权重数据表存储了各指标在适宜程度评估中的权值。指标值评估数据表存储了指标值各评语集合的专家打分结果。以指标值作为关键字建立评估单元数据表与指标值评估数据表的关联。

根据围填海适宜程度评估结果及等级划分，将围填海空间资源潜力区域划分为适宜、较适宜、不适宜和极不适宜 4 个等级，分别统计分析每一适宜等级的围填海空间资源潜力数量及空间分布。

三、海南岛围填海潜力区监测与评估实践应用

（一）海南岛围填海潜力区分析

根据海南岛海岸行政区划管理现状，将海南岛海岸划分为 12 个行政区，作为围填海潜力区监测与评估的基本空间单元。海南省围填海的土石方成本平均为 200 元/m³，港口及临港工业区域土地市场基准价平均为 500 元/m²，城镇及旅游地产区域土地市场基准价平均为 1000 元/m²，由此测算旅游休闲娱乐功能区围填海适宜深度为 10.0m，港口航运功能区、工业与城镇建设功能区围填海适宜深度为 5.0m。基于以上数据并采用本节的围填海潜力区选划方法进行海南岛围填海潜力区分析。

海南岛海岸围填海潜力区共有 87 个区域，总面积为 84 906.54hm²，最大围填海潜力区面积为 6170.23hm²，分布在海口市南渡江以东海岸；最小围填海潜力区面积为 23.44hm²，分布在三亚市鹿回头半岛西海岸。虽然海南岛沿海 12 个行政区均有围填海潜力区分布，但主要分布在乐东县、文昌市和海口市，这 3 个区域围填海潜力区面积分别占到海南岛围填海潜力区总面积的 21.30%、17.15% 和 16.16%。其他围填海潜力区面积较大的区域还有东方市、万宁市、澄迈县、琼海市和三亚市，围填海潜力区面积占比依次为 10.78%、7.91%、5.40%、5.27% 和 5.02%。

从港口航运区、工业与城镇建设区、旅游休闲娱乐区 3 个海岸基本功能区角度，分析海南岛围填海潜力区分布，可以看出海南岛围填海潜力区以旅游休闲娱乐区面积最大，占到围填海潜力区总面积的 80.82%；其次为港口航运区，占围填海潜力区总面积的 10.68%；工业与城镇建设区面积最小，仅有 7218.07hm²，占围填海潜力区总面积的 8.50%。旅游休闲娱乐区的围填海潜力区在海南岛 12 个行政区都有分布，分布面积较大的主要有乐东县、文昌市和海口市。另外，万宁市、

琼海市和东方市的旅游休闲娱乐区围填海潜力也较大,面积都在4000.00hm²以上。港口航运区围填海潜力区分布在除昌江县、乐东县、陵水县以外的 9 个行政区,以澄迈县面积最大,占到港口航运区围填海潜力区总面积的 34.63%;其次为儋州市,面积占比为 18.41%;再次为临高县、海口市。工业与城镇建设区围填海潜力区集中分布在海南岛西南海岸的东方市、昌江县、乐东县和儋州市,面积分别为4296.90hm²、1833.81hm²、996.49hm² 和 90.87hm²,其中东方市分布面积最大,占到全部工业与城镇建设区围填海潜力区总面积的 59.53%(表 8-1)。

表 8-1   海南岛不同海岸功能区围填海潜力区分布   (单位:hm²)

区域	旅游休闲娱乐区	港口航运区	工业与城镇建设区
海口市	12 664.59	1 055.89	0
澄迈县	1 445.35	3 138.85	0
临高县	387.96	1 163.84	0
儋州市	1 182.51	1 668.46	90.87
昌江县	256.83	0	1 833.81
东方市	4 135.07	718.95	4 296.90
乐东县	17 091.60	0	996.49
三亚市	3 731.07	528.35	0
陵水县	2 765.04	0	0
万宁市	6 683.73	31.87	0
琼海市	4 326.94	148.40	0
文昌市	13 953.58	609.59	0
总计	68 624.27	9 064.20	7 218.07

(二)海南省围填海潜力区适宜程度评估

采用围填海适宜程度评估方法对海南岛海岸 87 个围填海潜力区进行围填海适宜程度评估,并划分适宜等级。围填海潜力区评估结果为适宜的区域共有 19 个,占围填海潜力区总面积的 19.40%;围填海潜力区评估结果为较适宜的区域共有 14 个,占围填海潜力区总面积的 17.24%;围填海潜力区评估结果为不适宜的区域共有 35 个,占围填海潜力区总面积的 37.88%;围填海潜力区评估结果为极不适宜的区域共有 19 个,占围填海潜力区总面积的 25.48%。

在空间分布上,适宜围填海潜力区主要分布在海口市、东方市、儋州市和三亚市等区位条件好、交通便利的建城区附近海岸,其中海口市适宜围填海潜力区占到总面积的 58.76%。较适宜围填海区域主要分布在区位条件较好、交通较为便利的砂质海岸,包括澄迈县、东方市、海口市、昌江县和乐东县,其中以澄迈县和东方市面积最大,两者之和占较适宜围填海区域总面积的 50% 以上。不适宜围填海区域主要分布在海南岛东海岸的万宁市、琼海市、文昌市，以及西南海岸的乐东县，其中以乐东县面积最大，达到 15 223.10hm²。极不适宜围填海区域主要分布海南岛东南岸的文昌市、乐东县、三亚市、万宁市和琼海市等区域，这些潜力区一般距离城市建成区远，交通极不便利，海岸为优质的砂质海岸，存在珊瑚礁等保护对象（表8-2）。

表8-2　围填海潜力区适宜性评估结果空间分布　　　　（单位：hm²）

区域	适宜区域	较适宜区域	不适宜区域	极不适宜区域
海口市	10 158.64	3 561.84	0	0
澄迈县	0	4 190.79	393.40	0
临高县	0	0	1 551.80	0
儋州市	1 759.33	261.47	921.03	0
昌江县	0	1 833.81	256.83	0
东方市	5 015.85	4 135.07	0	0
乐东县	0	1 229.44	15 223.10	5 829.09
三亚市	353.25	151.01	796.75	2 958.41
陵水县	0	0	1 197.79	1 567.25
万宁市	0	0	3 977.14	2 738.49
琼海市	0	0	1 768.32	2 707.02
文昌市	0	0	7 660.71	6 902.46
总计	17 287.07	15 363.43	33 746.87	22 702.72

第三节　河口海湾空间格局遥感监测与评估

河口是河流的入海口，向上贯通河流，向下连通海洋，是重要的海陆交通枢纽。同时河口区域地势低平，资源丰富，是海域使用活动集中、规模较大的区域之一。大规模的河口海域使用不仅改变了河口的空间形态与格局，也深刻影响着河口生态系统的结构与功能。海湾深入陆地，倚陆临海，海陆兼备，是重要的海洋战略空间，是现代海洋文明的摇篮。同时海湾也是生物多样性富集、生态系统服务功能多样的重要生态安全屏障，在维护区域生态平衡与稳定中发挥着极其重要的作用。我国有各类河口海湾近千个，上海、广州、大连、青岛、深圳等滨海城市均是毗邻河口海湾发展壮大起来的，成为我国沿海集资源、人口、信息为一体的区域经济社会发展增长极。在当前全球经济一体化、重要发展战略和产业布局趋海化的新形势下，河口海湾日渐成为我国海洋经济发展的前沿阵地，成为国家放眼全球实施"一带一路"发展战略的海岸空间支撑点。开展河口海湾空间格局遥感监测与评估是掌握河口海湾开发利用过程及其资源-经济效应，高效有序地利用河口海湾资源，发展海洋经济的基础工作（Weng，2002）。高空间分辨率遥感技术的快速发展为开展河口海湾开发利用时空格局监测提供了有效的技术手段。本节针对河口海湾开发利用管理的技术需求，在采用高空间分辨率卫星遥感影像系统监测河口海湾空间格局的基础上，构建了河口海湾形状指数、海岸线曲折度指数、河口海湾面积指数、海域利用指数，用以描述河口海湾开发利用的空间格局变化特征。

一、河口海湾空间格局遥感监测方法

由于河口海湾的空间范围较小，各类海域使用活动又相对密集，需要采用空间分辨率较高的遥感影像开展相对精细的监测与评估工作，才能反映河口海湾海域使用空间格局特征。因此，河口海湾空间格局监测的遥感影像应该选取空间分辨率较高的高分系列卫星遥感影像、Spot-5 卫星遥感影像等。河口海湾空间格局变化监测需要选取不同时间段采集的遥感影像，在同一空间分辨率、同一投影和地理坐标系下提取河口海湾空间格局信息。利用遥感影像提取河口海湾海岸线，并与河口锋面连线或与海湾岬角直线连线闭合，转拓扑计算河口、海湾面积。另外，由于遥感影像只能监测到围海、填海、浮筏、其他构筑物等具有水面标志特征的用海信息，而不能反映底播养殖等水下海域使用信息，因此河口海湾海域使用评估需要结合海域使用权属矢量数据开展。

二、河口海湾空间格局评估方法

河口海湾空间格局评估包括河口海湾空间形状评估、河口海湾海岸线曲折度评估、河口海湾面积变化评估和河口海湾使用评估。

（1）河口海湾空间形状评估

河口海湾空间形状评估采用河口海湾形状指数表示，河口海湾形状指数用河口海湾海岸线长度与河口海湾面积的比值表示，计算方法如下：

$$GSI = \frac{0.25E}{\sqrt{A}} \qquad (8\text{-}10)$$

式中，GSI 为海湾（河口）形状指数，E 为海湾（河口）范围内的海岸线总长度，A 为海湾（河口）总面积，海湾总面积指海湾湾口岬角之间直线连线向海湾以内的面积，河口总面积为汛季河口锋面范围内至河海分界线之间的水域面积。当 GSI 小于 1.0 时，海湾为开阔型海湾；当 GSI 大于 1.0 而小于 2.0 时，海湾为半开阔型海湾；当 GSI 大于 2.0 时，海湾为狭长或封闭型海湾。利用不同时期采集的遥感影像提取海湾（河口）海岸线，计算河口海湾形状指数并进行比较，可以反映海湾（河口）空间形状的变化特征。

（2）河口海湾海岸线曲折度评估

河口海湾海岸线曲折度指海湾（河口）内海岸线的曲折程度，可以用海岸线曲折度指数表示，海湾海岸线曲折度指数为海湾湾口岬角之间的直线距离与遥感影像监测的海湾内海岸线长度的比值，河口海岸线曲折度指数为遥感影像监测的河口海岸线长度与河口海岸线首尾直线连接线长度的比值，计算方法如下：

$$C_g = \frac{L_g}{L_0} \qquad (8\text{-}11)$$

式中，C_g 为海岸线曲折度指数，L_g 为遥感影像监测的海岸线长度，L_0 为海湾湾口岬角之间的直线距离或河口海岸线首尾直线连接线长度。

（3）河口海湾面积变化评估

长期淤积、人类围填等多种原因可能会改变海湾的形状特征，使海湾面积变大或变小；河口水动力泥沙冲淤变化、人类围填等多种原因也可能会改变河口海域的形状特征，使河口海域面积变大或变小。为了评估河口海湾面积变化程度，本节构建了河口海湾面积指数来表征河口海湾的面积变化特征。河口海湾面积指数为河口海湾现状面积与河口海湾本底面积的比值。计算方法如下：

$$A_{gi} = \frac{S_{gi}}{S_{g0}} \qquad (8\text{-}12)$$

式中，A_{gi} 为 i 时期的河口海湾面积指数，S_{gi} 为 i 时期遥感影像监测的海湾（河口）总面积（hm²），S_{g0} 为海湾（河口）的本底面积（hm²）。本底面积为河口海湾空间形态未受人类活动影响而改变以前的面积。

（4）河口海湾使用评估

河口海湾使用评估指对河口海湾海域空间使用程度的评估，采用海域利用指数描述。海域利用指数为海湾（河口）海域利用面积与海湾（河口）海域总面积的比值。计算方法如下：

$$GU = \frac{S_{gu}}{S_{g0}} \qquad (8\text{-}13)$$

式中，GU 为海域利用指数，S_{gu} 为海湾（河口）海域利用面积（hm²），S_{g0} 为海湾（河口）总面积（hm²）。这里的海域利用面积为海湾（河口）范围内各类海域使用的确权总面积。

三、辽河口空间格局遥感监测与评估实践应用

（一）辽河口概况

辽河口位于辽东湾顶部的辽河入海口。受辽河径流携带泥沙入海沉积和人类围海造地等多种因素影响，近 30 年来，辽河口形态变化剧烈。辽河口的大洼县基本为河口滩涂区域，面积为 32 701hm²；80 年代的农业围垦活动使辽河口海域面积大幅度缩小；至 1990 年，辽河口海域面积为 15 831hm²；1990～2000 年的围海养殖进一步压缩了河口面积，使辽河口面积减少到 14 362hm²；到 2010 年，辽河口面积累计减少了 22 667hm²。几十年的围填海活动和海域陆化蚕食了近 70% 的辽河口海域面积，辽河口海域空间形态变化过程卫星遥感影像见图 8-2。

（二）辽河口空间格局遥感监测与评估

收集 1970 年辽河口地形图、1990 年采集的 Landsat TM 卫星遥感影像、2000 年采集的中巴资源二号卫星遥感影像和 2010 年采集的中巴资源二号卫星遥感影像，分别提取各时期的辽河口海岸线。同时采用 2010 年夏季获取的多期卫星遥感影像勾绘出辽河口悬浮泥沙扩散锋面，作为河口区域外边界，与海岸线闭合形成河口海域范围。辽河口海域空间形态变化过程卫星遥感影像专题图见图 8-2。

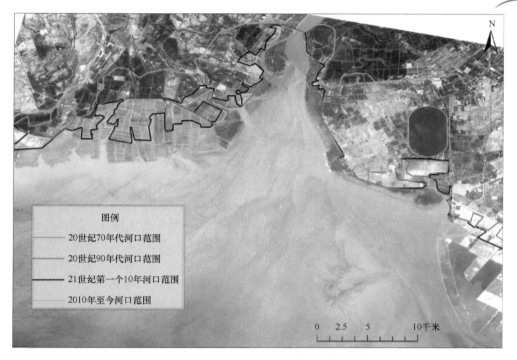

图 8-2　197~2020 年辽河口形态变化过程

　　1970 年辽河口人类开发利用活动极少，河口基本保持着自然的空间形态，河口形状指数为 1.01。到 1990 年，辽河口两岸的大洼县和盘山县大片河口滩涂被围垦为农业用地或演化为河口湿地，河口空间形态由开敞形转化为喇叭形，河口形状指数增大至 2.14。2000 年辽河口右岸的盘山县将大片滩涂围垦养殖，使河口空间形态进一步狭长化，河口形状指数增大至 2.44。2010 年盘山县滩涂养殖池塘进一步向海延伸，河口空间进一步压缩，河口形状指数进一步增大为 3.24。随着辽河口区域开发利用活动的增加，河口海岸线曲折度指数也发生了较大的变化，由 1970 年的 2.15，增大到 1990 年的 3.17，再增大到 2000 年的 3.45，到 2010 年达到了 3.83。辽河口面积随农业围垦活动的累积而逐步缩小，1970 年河口面积指数为 1.00；受河口两边农业围垦和自然演化的作用，1990 年河口面积指数减少为 0.48，超过 50%的河口海域面积被陆化；2000 年河口面积指数进一步降低为 0.44；2010 年达到 0.31；40 年间河口海域面积减少近 70%。河口海域使用随开发利用的进程也不断发生变化,1970 年辽河口海域利用指数为 0.23,1990 年达到 0.29,2000 年达到 0.34，到 2010 年增加为 0.38（表 8-3）。

表 8-3　辽河口空间格局评估

年份	1970	1990	2000	2010
河口形状指数	1.01	2.14	2.44	3.24
河口海岸线曲折度指数	2.15	3.17	3.45	3.83
河口面积指数	1.00	0.48	0.44	0.31
河口海域利用指数	0.23	0.29	0.34	0.38

四、锦州湾空间格局遥感监测与评估实践应用

(一)锦州湾概况

锦州湾位于渤海辽东湾锦州小笔架山以南至葫芦岛柳条沟海域，沿湾海岸线长 400km 以上。锦州湾原始海域面积为 11 179.90hm²，20 世纪七八十年代的围海晒盐活动使锦州湾面积在 1990 年就减少了 1341.2hm²。1990~2000 年的围海养殖进一步压缩了海湾面积，使海湾面积累计减少了 2896.9hm²。2005~2010 年的锦州港建设、葫芦岛工业城镇建设等围填海造地活动更加快速地压缩了海湾面积，到 2010 年，锦州湾面积累计减少了 4522.80hm²。几十年的围填海活动蚕食了 40%以上的锦州湾海域面积。

(二)锦州湾空间格局遥感监测与评估

采用 1990 年采集的 Landsat TM 卫星遥感影像、1995 年采集的 Landsat ETM 卫星遥感影像、2000 年采集的中巴资源二号卫星遥感影像和 2010 年采集的中巴资源二号卫星遥感影像分别提取各时期锦州湾的海岸线；收集 1970 年锦州湾开发前的地形图，提取锦州湾本底空间格局海岸线；制作锦州湾海域空间形态变化过程卫星遥感影像专题图（图 8-3）。

1990 年锦州湾海域面积为 10 886.76hm²，海岸线长度为 89.27km，海湾形状指数为 2.14；到 1995 年减小为 1.98，2000 年增大为 2.13，到 2010 年由于锦州湾区域大规模开发，海湾形状指数进一步增大为 2.25。随着锦州湾区域开发利用活动的增加，海湾海岸线曲折度指数也发生了较大的变化，由 1990 年的 3.56，增大到 1995 年的 4.22，再增大到 2000 年的 4.36，到 2010 年达到了 4.48。海湾面积随围填海活动的累积而逐步缩小，海湾面积指数在 1990 年为 0.89，1995 年为 0.82，到 2000 年进一步降低为 0.76，2010 年达到 0.68。海湾海域使用随开发利用的进程也不断发生变化，1990 年锦州湾主要以围海养殖为主，海湾海域利用指数为 0.06。21 世纪以来，海域使用类型和面积不断增多，主要海域使用类型有底播养殖、围海养殖、城镇建设、航道和渔港。2010 年底播养殖用海面积为 408.13hm²、城镇建设用海为 229.38hm²、航道用海为 87.35hm²、围海养殖用海为 29.88hm²、

图 8-3 锦州湾空间形状变化及围填海情况

渔港用海为 10.51hm²，海域使用总面积为 765.25hm²，2010 年海湾海域利用指数为 0.12（表 8-4）。

表 8-4 锦州湾空间格局评估

年份	1990	1995	2000	2010
海湾形状指数	1.89	1.98	2.13	2.25
海湾海岸线曲折度指数	3.56	4.22	4.36	4.48
海湾面积指数	0.89	0.82	0.76	0.68
海湾海域利用指数	0.06	0.07	0.09	0.12

本 章 小 结

　　海域资源是各类海域使用活动的基本依托，海域资源数量、质量与空间布局是决定各类海域使用项目落地实施的前提条件。开展海域资源监测与评估是掌握海域资源数量、质量与空间布局的基本途径。本章针对海域使用管理工作需求，采用遥感技术与 GIS 技术相结合的方法，研究探索建立了海域开发存量监测与评估方法、围填海潜力区监测与评估方法、河口海湾空间格局遥感监测与评估方法，并选取海南岛、辽河口、锦州湾开展了相关的遥感监测与评估实践应用研究，为海域资源空间评估提供了技术参考。

参 考 文 献

薄树奎. 2007. 面向对象遥感影像分类技术研究[D]. 北京: 中国科学院研究生院博士学位论文.

曹宝, 秦其明, 马海建, 等. 2006. 面向对象方法在 Spot-5 遥感图像分类中的应用——以北京市海淀区为例[J]. 地理与地理信息科学, 22(2): 46-49, 54.

柴宏磊. 2012. 基于知识的遥感图像港口目标识别[D]. 成都: 电子科技大学硕士学位论文.

陈玉兰, 罗永明. 2009. 基于 TM/ETM$^+$遥感数据的港口用地动态变化监测[J]. 气象研究与应用, 30(3): 60-67.

初佳兰, 赵冬至, 张丰收. 2012. 基于关联规则的裙带菜筏式养殖遥感识别方法[J]. 遥感技术与应用, 27(6): 941-946.

初佳兰, 赵冬至, 张丰收, 等. 2008. 基于卫星遥感的浮筏养殖监测技术初探——以长海县为例[J]. 海洋环境科学, 27(S2): 35-40.

崔丹丹, 吕林, 方位达. 2013. 无人机遥感技术在江苏海域和海岛动态监视监测中的应用研究[J]. 现代测绘, 36(6): 10-11.

付元宾, 赵建华, 王权明, 等. 2008. 我国海域使用动态监测系统(SDMS)模式探讨[J]. 自然资源学报, 23(2): 185-193.

高志强, 刘向阳, 宁吉才, 等. 2014. 基于遥感的近 30a 中国海岸线和围填海面积变化及成因分析[J]. 农业工程学报, 30(12): 140-147.

国家海洋局 908 专项办公室. 2005. 海岛海岸带卫星遥感调查技术规程[M]. 北京: 海洋出版社.

季顺平, 袁修孝. 2010. 基于 RFM 的高分辨率卫星遥感影像自动匹配研究[J]. 测绘学报, 39(6): 592-598.

鞠明明, 汪闽, 张东, 等. 2013. 基于面向对象图像分析技术的围填海用海工程遥感监测[J]. 海洋通报, 32(6): 678-684.

李成范, 尹京苑, 赵俊娟. 2011. 一种面向对象的遥感影像城市绿地提取方法[J]. 测绘科学, 36(5): 112-120.

李鹏山, 李香, 李燕, 等. 2010. 基于 GIS 的海口市滨海旅游区土地利用格局的时空变化[J]. 安徽农业科学, 38(25): 14025-14029.

李晓明, 郑链, 胡占义. 2006. 基于 SIFT 特征的遥感影像自动配准[J]. 遥感学报, 10(6): 885-892.

刘宝银, 苏奋振. 2005. 中国海岸带与海岛遥感调查——原则 方法 系统[M]. 北京: 海洋出版社: 24-28.

刘书含, 顾行发, 余涛, 等. 2014. 高分一号多光谱遥感数据的面向对象分类[J]. 测绘科学, 39(12): 91-103.

那楠. 2015. 滨海旅游小镇旅游用地空间格局演变及驱动力分析——以大连金石滩旅游度假区为例[D]. 辽宁师范大学硕士学位论文.

彭建, 王仰麟, 刘松, 等. 2003. 海岸带土地持续利用景观生态评估[J]. 地理学报, 58(3): 363-371.

任海, 李萍, 周厚诚, 等. 2001. 海岛退化生态系统的恢复[J]. 生态科学, 20(1): 60-64.

史培军, 宫朋, 李晓兵. 2000. 土地利用覆被变化研究的方法与实践[M]. 北京: 科学出版社: 105-123.

苏奋振. 2015. 海岸带遥感评估[M]. 北京: 科学出版社.

孙钦帮. 2008. 基于遥感的海域使用变化信息识别技术[J]. 海洋环境科学, 27(S2): 104-108.

索安宁. 2017. 海岸空间开发遥感监测与评估[M]. 北京: 科学出版社.

索安宁, 于永海. 2017. 围填海管理技术探究[M]. 北京: 海洋出版社.

索安宁, 王鹏, 袁道伟, 等. 2016. 基于高空间分辨率卫星遥感影像的围填海存量资源监测与评估研究[J]. 海洋学报, 38(9): 54-63.

索安宁, 赵冬至, 张丰收, 等. 2010. 海域使用格局卫星遥感监测与评价——以葫芦岛市为例[J]. 海洋通报, 29(1): 6-12.

陶超, 谭毅华, 蔡华杰, 等. 2010. 面向对象的高分辨率遥感影像城区建筑物分级提取方法[J]. 测绘学报, 39(1): 39-45.

陶丽华, 朱晓东, 桂峰. 2001. 苏北辐射沙洲海岸带农业景观生态分析与优化设计[J]. 环境科学, 22(3): 118-122.

田波, 周云轩, 郑宗生. 2008. 面向对象的河口滩涂冲淤变化遥感分析[J]. 长江流域资源与环境, 17(3): 419-423.

温礼, 吴海平, 姜方方, 等. 2016. 基于高分辨率遥感影像的围填海图斑遥感监测分类体系和解译标志的建立[J]. 国土资源遥感, 28(1): 172-177.

吴涛, 赵冬至, 张丰收, 等. 2011. 基于高分辨率遥感影像的大洋河河口湿地景观格局变化[J]. 应用生态学报, 22(7): 1833-1840.

吴正鹏, 奚歌, 王健洁. 2012. 基于多源遥感影像的围填海监测——以天津南港工业区为例[J]. 城市勘测, (6): 77-80.

谢伟军, 韩飞, 张东, 等. 2014. 面向对象的海域使用专题信息遥感提取关键技术研究[J]. 海洋环境科学, 33(2): 274-279.

谢玉林, 汪闽, 张新月. 2009. 面向对象的海岸带养殖水域提取[J]. 遥感技术与应用, 24(1): 68-72.

徐福英. 2015. 滨海旅游可持续发展的基本框架与典型类型研究[D]. 青岛: 青岛大学博士学位论文.

徐京萍, 赵建华, 张丰收, 等. 2013. 面向对象的池塘养殖用海信息提取[J]. 国土资源遥感, 25(1): 82-85.

许学工, 彭慧芳, 徐勤政. 2006. 海岸带快速城市化的土地资源冲突与协调——以山东半岛为例[J]. 北京大学学报(自然科学版), 42(4): 527-533.

叶属峰, 丁德文, 王文华. 2005. 长江口大型工程与水体生境破碎化[J]. 生态学报, 25(2): 268-272.

游先祥. 2003. 遥感原理及在资源环境中的应用[M]. 北京: 中国林业出版社.

于青松, 齐连明. 2006. 海域评估理论研究[M]. 北京: 海洋出版社.

恽才兴. 2005. 海岸带及近海卫星遥感综合应用技术[M]. 北京: 海洋出版社.

张明慧, 孙昭晨, 梁书秀, 等. 2017. 基于高空间分辨率遥感影像的砂质海岸空间整治效果分析——以月亮湾为例[J]. 海洋通报, 36(5): 594-600.

张志龙, 张焱, 沈振康. 2010. 基于特征谱的高分辨率遥感图像港口识别方法[J]. 电子学报, 38(9): 2184-2188.

赵飞. 2015. 基于全生命周期的主数据管理——MDM 详解与实践[M]. 北京: 清华大学出版社.

Arroyo L A, Healey S P, Cohen W B, et al. 2006. Using object-oriented classification and high-resolution imagery to map fuel types in a Mediterranean region[J]. Journal of Geophysical Research, 111: G04S04.

Bell S S, Hicks G R F. 1991. Marine landscapes and faunal recruitment: a field test with seagrass and copepods[J]. Marine Ecology Progress Series, 73: 61-68.

Cao K, Suo A N, Sun Y G. 2017. Spatial-temporal dynamics analysis of coastal landscape pattern on driving force of human activities: a case in south Yingkou, China[J]. Applied Ecology and Environment Research, 15(3): 923-937.

Cleve C, Kelly M, Kearns F R, et al. 2008. Classification of the wild land-urban interface: a comparison of pixel and object-based classification using high-resolution aerial photography[J]. Computers, Environment and Urban Systems, 32(4): 317-326.

Foody G M. 2002. Status of land covers classification accuracy assessment[J]. Remote Sensing of Environment, 80(1): 185-201.

Green E P, Mumby P J, Edwards A J, et al. 1996. A review of remote sensing for the assessment and management of tropical coastal resources[J]. Coastal Management, 24(1): 1-40.

Jin X Y, Davis C H. 2005. Automated building extracting from high-resolution satellite imagery in urban area using structural, contextual and spectral information[J]. Journal of Applied Signal Processing, 14(1): 2196-2206.

Kelly N M. 2001. Changes to the landscape pattern of coastal North Carolina wetlands under the Clean Water Act, 1984-1992[J]. Landscape Ecology, 16(1): 3-16.

Ma Z J, David S M, Liu J G, et al. 2014. Ecosystem management rethinking China's new great wall: massive seawall construction in coastal wetlands threatens biodiversity[J]. Science, 346(11): 912-914.

Marsh W M. 2010. Landscape Planning: Environmental Applications[M]. NewYork: Wiley.

Munyati C. 2000. Wetland change detection on the Kafue Flats, Zambia, by classification of a multitemporal remote sensing image dataset[J]. International Journal of Remote Sensing, 21(9): 1787-1806.

Muradian R, Corbera E, Pascual U, et al. 2010. Reconciling theory and practice: an alternative conceptual framework for understanding payments for environmental services[J]. Ecological Economics, 69(6): 1202-1208.

Nuuyen L D, Viet P B, Minh N T, et al. 2011. Change detection of land use and riverbank in Mekong Delta, Vietnam using time series remotely sensed data[J]. Journal of Resources and Ecology, 2(4): 370-374.

Platt R V, Rapoza L. 2008. An evaluation of an object-oriented paradigm for land use/land cover classification[J]. The Professional Geographer, 60(1): 87-100.

Sagheer A A, Humade A, Al-Jabali A M O. 2011. Monitoring of coastline changes along the Red Sea, Yemen based on remote sensing technique[J]. Global Geology, 14(4): 241-248.

Saich P, Thompson J R, Rebelo L M. 2001. Monitoring wetland extent and dynamics in the Cat Tien National Park, Vietnam, using space-based radar remote sensing[C]. *In*: Geoscience and Remote Sensing Symposium. New York: IEEE Press: 3099-3101.

Schuerch M, Rapaglia J, Liebetrau V. 2012. Salt marsh accretion and storm tide variation: an example from a Barrier Island in the North Sea[J]. Estuaries Coast, 35: 486-500.

Seand C, Andrewd I. 2008, Integrating ecology with biogeography using landscape characteristics: a case study of subtidal habitat across continental Australia[J]. Journal of Biogeography, 35(9): 1608-1621.

Seto K C, Fragkias M. 2007. Mangrove conservation and aquaculture development in Vietnam: a remote sensing-based approach for evaluating the Ramsar Convention on Wetlands[J]. Global Environment Change, 17(3/4): 486-500.

Shackford A K, Davis C H. 2003. A combined fuzzy pixel-based and object-based approach for classification of high-resolution Multispectral data over urban areas[J]. IEEE Transactions on Geoscience and Remote Sensing, 41(10): 2354-2363.

Shal A A, Tate I R. 2007. Remote sensing and GIS for mapping and monitoring land cover and land use changes in the Northwestern coast al zone of Egypt[J] . Applied Geography, 27(1): 28-41.

Stow D, Lopez A, Lippitt C, et al. 2007. Object-based classification of residential land use within Accra, Ghana based on Quick Bird Satellite data[J]. International Journal of Remote Sensing, 28(22): 5167-5173.

Su W, Li J, Chen Y, et al. 2008. Textural and local spatial statistics for the object-oriented classification of urban areas using high resolution imagery[J]. International Journal of Remote Sensing, 29(11): 3105-3117.

Suo A N, Zhang M H. 2015. Sea areas reclamation and coastline change monitoring by remote sensing in coastal zone of Liaoning in China[J]. Journal of Coastal Research, 73: 725-729.

Suo A N, Wang C, Zhang M H. 2016. Analysis of sea use landscape pattern based on GIS: a case study in Huludao, China[J]. SpringerPlus, 5: 1587.

Townsend P A, Walsh S J. 2001. Remote sensing of forested wetlands: application of multitemporal and multispectral satellite imagery to determine plant community composition and structure in southeastern USA[J]. Plant Ecology, 157(2): 129-149.

Weng Q H. 2002. Land use change analysis in the Zhujiang Delta of China using satellite remote sensing, GIS and stochastic modeling[J]. Journal of Environmental Management, 64(3): 273-284.

Young M A. 2014. A landscape ecology approach to informing the ecology and management of coastal marine species and ecosystem[D]. California: University of California Santa Cruz.

Zhang Y, Chen S L. 2010. Super-resolution mapping of coastline with remotely sensed data and geostatistics[J]. Journal of Remote Sensing, 14(1): 148-164.